JN063461

乾物便利帖〈新装版〉

――栄養と料理の小百科

星名桂治 著

メトロポリタンプレス

目　次

第3章　海産の乾物（干物） ―――――― 143

第4章　だしの素材とだしの取り方————— 223

第5章　乾物と年中行事————— 237

DTP：西田久美
装丁：メトロポリタンプレス

第1章　乾物と和食文化

1　乾物の定義

　乾物（干物）は、生の状態の農産物、海産物など、食品に含まれている水分を乾燥しただけではなく、太陽エネルギーを当てることにより食品に含まれる成分に変化を生じさせ、さらに付加価値をつけたものです。太陽エネルギーがもたらす作用は大きく、殺菌、漂白、保存性、うま味、香り、栄養素であるミネラル、ビタミンはじめ多くの栄養成分を増幅させるのです。

　生の食品は時間が経つにつれて劣化し、酸化腐敗します。それは食品中に含まれる酵素や微生物の働き、酸化などによるものです。

　酵素や微生物の活動は、一般的に食品に含まれる水分が40％以下で活動がゆるやかになり、15％以下になるとほぼ休止状態になります。さらに水分が10％以下になると、酵素や微生物が引き起こすほとんどの変化が停止します。つまり食品を干して水分を抜くことで、酵素や微生物が働かなくなり、食品の劣化、腐敗などが進みにくくなり保存性が高まるのです。乾物は食材のうま味を閉じ込めたまま保存性を高めた最高の食品であるというわけです。

　乾物は、日本人の生活の知恵が生んだ保存食であり、伝統食であり、健康食であるのです。

2　乾物の歴史

　食品を保存するという知恵は、縄文時代、弥生時代の多くの遺跡などから発見されている穀物からもうかがいしれます。食品の素材を生かしながら、あらゆる方法で保存食品として工夫が加えられてきたのです。

日本の気候風土と自然界から与えられた食材を、乾かす、干す、塩を使う、凍らせて乾燥する、発酵させる、他の調味料を加えて加工する、など多くの保存方法で工夫を加えながら今日に至っているのです。

『古事記』、『大宝律令』(701)には海藻が、そして『日本書紀』(720)には大根、『万葉集』にはわかめを詠んだ歌が収載されています。

乾物類の多くは中国から伝来したものです。中国の乾物は本来漢方に通じる食材です。また、中国からは仏教伝来とともに多くの食材も渡ってきました。平安時代の宮廷料理にはじまり精進料理など、8世紀頃の文献にも乾物の記述があらわれます。

その後、船の交易によって、蝦夷と西日本を結んだ北前船が幕末から明治時代にかけて最盛期を迎えて、北の地域と九州、沖縄、瀬戸内、そして関東との交流が盛んになると、北海道の昆布をはじめとして、各地の乾物類もほかの農海産物とともに全国に行きわたりました。また、干しアワビ、乾燥なまこ、乾燥ホタテなどが、のちに中国との交易において珍重されました。

また、江戸時代には幕府の公的行事として定められた節句などにより、庶民の間にも「祝う」という習慣がもたらされて、祝い料理を発展させることになりました。正月の節句、1月7日の人日の節句、3月3日の上巳の節句、5月5日の端午の節句、7月7日の七夕の節句、9月9日の重陽の節句、これらの日の祝い料理には縁起を担いだ乾物類が多く利用されました。

3 乾物の評価

江戸時代から明治、大正、昭和と時代が変わるにつれて、乾物は、日本人の食卓には欠かせない存在となりました。第二次世界大戦中から戦

後、日本は食糧危機にみまわれました。

　1942年（昭和17）は食事管理法が制定され、食糧配給制度が実施されはじめました。戦後の経済の発展により、徐々に食糧不足も改善され、昭和30年代に突入すると、お米の配給制度、米穀通帳も不要となりました。

　そして、ご飯をいかに美味しく食べるかの工夫から生まれたのがふりかけやお茶づけ、即席カレーや冷凍食品、インスタント食品、チルド、レトルト、フリーズドライなどで、次々に登場しました。

　また、アメリカからの小麦粉や西洋風の食文化とセルフサービスが参入し一気に日本の食生活が変化しました。

　そして、糖尿、肥満、脳卒中、動脈硬化、心臓病などの現代病が進んで、西洋風の食生活より日本食のほうがバランスがとれて健康に良いと欧米などで高く評価されてきました。特にアメリカなど、豊かな資源を持つ国では肥満対策として日本食がクローズアップされてきました。現在、欧米のどこのスーパーでも日本食コーナーが設けられて、豆腐、こんにゃく、納豆はじめ、乾物類が多くの人に食されています。

4　乾物とうま味

　和食の基本は、「だし」と「うま味」です。最近は海外でも「UMAMI」という表示がされるようになりました。

　「うま味」は、もともと日本で発見されたものですが、いまや「うま味」は、甘味、酸味、塩味、苦味の四つの基本味に加え、第五の味覚として世界中で認められています。

　北から南にのびる日本列島には四季があり、多様で豊かな自然の宝庫です。それを背景に生まれた食文化もこれらの自然に寄りそうようにし

て育まれてきました。海の幸は内陸へ、山の幸は沿岸へとそれぞれ運ばれて、日本の食文化は歴史とともに築きあげられてきました。

　古来、日本人は、生活の知恵から昆布やかつお節、干し椎茸などの乾物からだしを取り、美味しい食べものをつくりだしてきたのです。

　「だし」として使われる昆布やかつお節を使った煮物、和え物、焼き物の伝統食や郷土料理は、日本人の食生活に定着し、今日まで伝えられてきました。

5　地域ごとの特性

　日本国内にはいろいろな郷土料理があります。各地の気候風土、風習、習慣によって育まれた生活があるように、味付け、加工など地域ごとに異なる様々な料理や調理方法があります。また同じ食材、同じ料理でも、呼び名が違ったり、商品名も違うなど、様々です。特に片口煮干しや麦こがし、凍り豆腐などは地域によっていくつもの呼び名があります。

　たとえば、片口煮干しの場合でも、東日本では煮干しと単一な呼び名が普及していますが、全国には呼び名は20以上もあります。宮城は「たつこ」、富山は「へしこ」、関西は「だしじゃこ」、和歌山は「いんなご」、中国地方は「いりこ」、熊本は「だしこ」と呼ばれています。

　おせち料理も、各地で作り方や味付け、具材が異なります。お麩などは東北、北陸地方などでは消費量が多いが、九州地方などではあまり需要がありません。なぜなら雪国と違い、冬のたんぱく源の確保に困らないからです。寒い地域では保存性の高い焼き麩が好まれるが京都などでは懐石料理に生麩が用いられるなど、地域ごとに利用のされかたが違います。

6　乾物は脇役で光る

　乾物専門店が、近年各地で消えつつあります。「乾物屋」の文字を使った店は農産物品や農産加工品を主に取り扱っており、干し椎茸、かんぴょう、穀物、凍み豆腐などの畑や山から収穫された産物を扱っていました。「干物屋」の文字を看板に掲げた店は、どちらかというと、昆布、海苔、煮干し、かつお節など海で採取した乾物を扱っていました。

　現在は販売しやすい商品の品ぞろえが中心となり、海苔とお茶、ふりかけから即席だしの素まで扱われ、季節感のある切り干し大根、するめなど臭いが強いものは避けられ、脇役にされてしまっているのが現状です。

　子供の頃からのおふくろの味、お婆ちゃんの味は、今や意識されないものとなりつつありますが、年中行事と乾物の相関関係は今なお伝えられています。

7　工夫次第で広がる乾物の用途

　乾物は、基本的にはそのまま食べることができず、加工しなければ食べられないものが多いのです。水で戻したり、加熱したり、あく抜きをしたりと少し手間をかけなければならないのですが、料理の基本を知れば簡単に使えるものばかりです。寒天サラダに切り干し大根とわかめを組み合わせて海鮮サラダ、大豆、いんげん豆を洋風ポタージュスープなどに組み合わせることによって料理の幅が広がります。

　乾物は手間をかけることで大きく変化する食材です。豆の加工品、手打ちうどん、黄粉、すりごま、切り干し大根などは家庭で簡単に作るこ

とができます。例えば紫蘇の葉を乾燥させて、胡麻、かつおの粉、チリメンジャコ、少しの塩などを加えて家庭用のミキサーで粉末にすれば簡単にふりかけができるなど、汎用性がたくさんあります。

8　乾物は食材以外の用途でも活躍

乾物の多くは、かつては家庭の台所では欠かせない食材と考えられてきました。しかし、現在では食材を越えて利用方法が広がっています。

昆布、寒天は入れ歯などの型取りに使われています。昆布から癌の薬としてインタフェロンの抽出、放射能研究薬甲状腺ホルモンの適用がなされています。

寒天からは化粧品、粘滑材、抗擬血剤、錠剤、細菌類の培養剤。鉈豆から歯磨き粉などです。

また昆布エキスを入れたスポーツ飲料、昆布ヨードチンキ、干し椎茸から発癌治療薬が作られています。

時代の進歩によって乾物は新たな価値が見出され多岐にわたり利用されています。

9　山の幸と海の幸

山里の幸で代表されるキノコ類は、保存食にと農家の軒先に天日干しされる風景が見られます。春の庭先にはぜんまいや山菜を湯がき、ムシロに広げられた光景が目に浮かびます。

先人たちの知恵が詰まった乾物類が盛んに作られるようになったのは平安時代からです。貴族の饗宴や宗教行事の神饌に供えられ珍重されました。当時の記述には、果物と栗、くるみ、かや、しい、とちなどの種

実が合わせて35種類が登場します。

　中世になって禅宗とともに精進料理が広まると農作物の乾物類が食材として利用されました。夏の味覚、胡麻、かんぴょう、秋には小豆、大豆、雑穀などが動物性の食材に代わって、栄養とバランスのとれた乾物が原料となり、大豆の加工品、湯葉、凍り豆腐などすばらしい食材が生まれました。

　乾物は古来中国の薬膳で珍重されたように、現在でも多くの抗がん剤の原料として、機能性食品として注目され、ますます重要な存在となっています。昔は様々な山菜や野菜が乾物にされ、保存食となりましたが、現在、利用されているのは切り干し大根、かんぴょう、芋がらなどわずかです。それは、野菜の保存には、漬物が発達したためです。しかし、最近は塩分なしで長く保存できる野菜の乾物も再評価されています。

　海の幸で代表される海藻類は、私たちの先祖がこの列島に住みついて以来食べ続けてきたもののひとつです。海水塩を含んだまま、太陽で干しあげた魚介類や海藻類は塩とうま味の保存食でした。干物は動物性タンパク質、海藻類はミネラルを多くを含む食品として、また長期間の保存がきいて、軽くて運搬しやすく、携帯食とされてきました。

＊

　次章以降では、農産の乾物、海産の乾物に分けてさまざまな乾物を紹介していきます。それぞれの乾物の由来や栄養、地域的な特徴、利用方法から調理・レシピまで、できる限り詳しく説明していきます。

　また、和食の特徴であるうま味の元となるだし（出汁）については、特に一章を設けました。

第 2 章　農産の乾物

あさのみ ［麻の実］

　クワ科アサ属の一年草であるアサの実を乾燥させて煎った製品。

　生態　原産地は中央アジア、西アジアである。アサは高さ2.5mにも成長。主に繊維を取るために栽培されているが実は食用にもされる。そのまま噛むと独特の香りがあり、軽く焼くと香ばしい香り

麻の実

がある。実には少量の麻酔性物質があり、日本では栽培は禁止されており、販売されているものは、発芽しないように煎ってある。そのため近年はほとんど輸入品である。繊維はコーヒー豆などの麻袋などに使われている。

　用途　七味唐辛子やがんもどきなどの中に使われる。食べたときにプツンと歯にあたる感触がある。油は脂肪酸含有のバランスが良く、薬用の便秘薬や小鳥の餌にされる。

　料理　がんもどきは、豆腐をつぶして人参や蓮根、蒟蒻などを混ぜて油で揚げたものである。関東地方では「雁擬き」とのあて字からくるが、精進料理で雁の肉に似せて肉の代用品として使われたことに由来する。関西地方では「飛竜頭（りゅうず、ひろうす）」と呼ばれている。

あずき （しょうず）［小豆］

　名称　マメ科の一年草であるアズキの種子を乾燥した製品。
中国西南部からヒマラヤ南麓に広がる地域で採れるツルアズキが原種

といわれている。

　原産地は東アジアという説もある。江戸時代の学者・貝原益軒がまとめた博物学の書『大和本草』(1708) によれば「赤色」をさす「あ」、「溶ける」をさす「ずき」が組み合わされて、赤く早く柔らかくなるという意味で「あずき」という名称になったといわれている。日本には3〜5世紀に中国から渡来した。縄文時代から古墳時代前期の遺跡で、炭化したアズキの種子が発見されており、農耕文化が始まった頃から作物として栽培されていたことがうかがえる。当初はその赤い色から儀式や行事に利用されていたことがうかがわれる。小正月の小豆粥や祝い事に作られる赤飯などに使われた。江戸時代には、赤飯は祝い事に欠かせないものになった。その後、アズキは餡の原料として和菓子をはじめ多くの食品に利用されるようになった。

　生態　昭和初期に北海道開拓政策の換金作物として奨励されたことから栽培が盛んになった。北海道における畑作の主力作物として広まり、国内生産の75%以上が作られるようになった。北海道は、広大な土地と昼夜の寒暖の差が大きいためにアズキの生育に適している。昼は暖かく、夜は冷涼であることから、アズキの糖度が高まり、その糖分が蓄えられるためである。

　豆類全体にいえることだが、連作ができないため輪作をする必要がある。3〜4年の間を開けないと特定の害虫、病原菌がつくため、収穫量が減ってしまう。豆類には根に根粒菌が共生し、空気中の窒素を固定してアミノ酸や亜硫酸を植物に供給しているが、害虫、病原菌がこの根粒菌の働きを阻害することで収穫量が低下する原因になると考えられている。このような連作障害を防ぐために、イネ科の食物など豆類に付く害虫が好まない作物を栽培に組み込んだ輪作が行われている。根粒菌は豆類の種類によって異なり、一つの根粒菌が繁殖するとほかの根粒菌は育

たなくなる。そのため、ほかの豆類を育てることもできなくなる。再び
その土地で同じ種類の豆を作れるようになるまで採算が合わない。その
ためにも北海道のような広大な土地があるところが主産地となる。地域
によって異なるが5月下旬に種を蒔き、10月に収穫する。アズキは低
温に弱いため開花期の温度などによって収穫量が左右される。

　製造方法　完熟した種子を乾燥させて外皮を取り除き、唐箕にかけて
風を送り石や雑物を取り除く。

　粒の大きさによって選別し普通小豆と大納言小豆に分けられる。大納
言小豆が自主規格で各農協で定めた基準で表示されている。

　種類

　▶**普通アズキ**　大納言アズキ、白アズキ以外を普通アズキとする。北
海道ではエリモショウズが一番多く栽培されている。ほかの普通アズキ
と比べて寒さに強く、粒が大きい。全国
的に栽培されているが北海道は全国生産
量の70〜80%が生産されており、餡や
羊羹、赤飯などに利用されている。

普通アズキ

　▶**丹波産大納言アズキ**　大粒で色艶が
鮮やかで、甘みが強く、皮が薄く口あた
りがよい。地豆のため品種改良していな
いので収穫量が少なく国内産のアズキの
約1%の収穫量である、通常アズキの反
収の半分くらいしかできなく生育期間が
長いため台風の影響を受けやすく、手作
業が多く労力を要する。年々丹波地方で
も作付面積が少なくなり、夏場には害虫
が発生しやすい。丹波のアズキは皮が破

大納言アズキ

れにくく煮崩れしないので甘納豆や鹿の子など高級和菓子に利用されている。

▶白アズキ　アズキの種皮色には、赤のほか黒、灰、白、緑、茶、斑紋などがある、このうち白系の白アズキは、高級白餡として使われる岡山県の「備中白小豆」、北海道産の「きたほたる」などがあるが生産量は少ない。一般的にはあまり出回っていない。

▶在来種アズキ　全国各地に在来種が存在している。その地方によって呼び名が違い、大切の育てられている。福島県相馬地方にある「嫁アズキ」など白い班模様の入ったものなどがある。

栄養と機能性成分　アズキの主成分は炭水化物で、その60%がブドウ糖とつながった多糖類のデンプンである。アズキのデンプンは粒子が大きいため加熱してもデンプンの粒子が密着しにくく、のり状にならず分散してさらさらしている。これがアズキの餡の原料となる理由である。

糖質、ビタミンB₁で疲労回復に良好な食材としてアントシアニン、サポニンなど機能成分が豊富である。また、鉄分の宝庫として知られている。亜鉛、銅も多く、貧血の予防に役立つ。亜鉛は栄養素の代謝に関与する様々な酵素の成分となり、ヒトの成長期には欠かせない栄養素である。

ビタミンB₁は、ダイズやインゲンマメよりは少ないが疲労回復、体力消耗するときには糖質とビタミンB₁がいっしょに摂れることから最適なエネルギー源である。

アズキの種皮の赤色は、アントシアニン色素に属し水溶性の抗酸化物質で眼球の水晶体に集まることから、視力の維持に効果がある。アズキにはサポニンが0.3%含まれる。腸管を刺激することから整腸作用がある。アズキは食物繊維も豊富なので、便秘の予防、解消にも最適である。また、サポニンは血中コレステロールや中性脂肪を下げ、善玉のHDL

コレステロールを上げ、肥満抑制効果でも知られている。

　昔は、産後にアズキがゆを食べさせる習慣があった。サポニンは利尿作用や血栓を溶かす作用もある。アズキには貧血を防ぐ鉄も豊富である。昔の人はこうした効用を経験上知っていたのであろう。

　保存　密閉容器に入れて涼しいところに置いて保存する。アズキは皮が硬いため長期保存には向いているが、2年目になると色が少しずつ濃くなり渋みも少し出てくる。また、煮る調理時間が少し長くなるので、新年度産の製品を選ぶのがよい。

　調理　アズキを火にかける前に、水に浸けて吸収させるのが基本だが、粒が小さく皮が硬いので吸収なしで、いきなり茹でてもよい。その場合は吸収させた場合より20分ほど長く煮る必要がある。ただ新豆は皮が薄いので、吸収させた方がゆっくり膨らみ、皮が破れにくくなる。吸水の水温が高いと腐敗しやすいので、冷蔵庫などに入れて浸水するとよい。茹でるときに鍋の中で豆が踊らないように、必ず落し蓋をする。沸騰したら水を取り替えて弱火にして、アクを取りながら煮るとすっきりと風味よく仕上がる。

　▶**カボチャのいとこ煮**　カボチャは夏バテに効くカロテンが豊富、いとこ煮は滋養のアズキと一緒に作ったおふくろの味。

　カボチャとアズキを別々に煮て混ぜてもよいでしょう。カボチャは弱火で静かに煮ます。形が崩れないように注意してください。

　用途　お汁粉、アズキ粥、こし餡、さらし餡、おはぎ、赤飯、アズキジャムなど。

丹波大納言アズキの調理法
1、原料のアズキを良く水洗いし、ザルで水切りし、大きめの鍋にたっぷり浸し、強火で沸騰させる。その後5分くらい蒸らす。

2、再び水を加えて沸騰させる、このときびっくり水を加える。50 〜
　70℃位まで温度をさげる。再度沸騰させて弱火に落としてアクを取り
　ながら 40 〜 50 分アズキ同士がぶつからないように落し蓋をして、30
　分ほど蒸らす。
3、豆が水分を吸うとデンプン質がふくれて皮が破れるので冷ます。
　　＊少し重曹を入れると赤みが出てくる。
　　＊丹波大納言アズキは皮が破れにくいがゆっくり覚ましたあと、味付
　　　けは和三盆で甘みをつける。和三盆は粒子が細かいのでアズキの風
　　　味を引き出す。
　　＊びっくり水により皮と豆の温度差が減り、均等にふっくらと柔らか
　　　くなる。
　　＊小豆色の羊羹。「羹」は〈熱い汁〉を指す通り、羊羹とは本来中国
　　　の羊肉のスープ。日本には鎌倉から室町時代に中国から禅僧が伝
　　　えた。仏教は肉食厳禁。そこで小豆を使った具を羊肉に見立て羹
　　　を作った。それが蒸羊羹や寒天で固めた練羊羹に発展されたとされ
　　　る。伝来当時、日本には羊はおらず、羊は何たるかは知らなかった。
　　　「羊」と「大」を組み合わせると「美」という字になる。そのため
　　　羊羹はすこぶる美味しい食べ物を連想させた。

あまらんさす ［アマランサス］

　ヒユ科の一年草であるアマランサス（ハゲイトウ）の種子を乾燥させ
た製品。近年健康食ブームから実を粉にして小麦粉と混ぜてパン、クッ
キー、うどんなどに使われたり、煎って爆ぜさせた後に牛乳や糖蜜を混
ぜたりして利用されている。
　生態　アマランサスは約 800 種があるが、観賞用、野菜用、穀実用
に栽培されているのは 10 種ほどである。晩夏から初秋にかけて色付く。

栽培の歴史は古く、紀元前3千年頃からアンデス南部のアステカ族が種子を食用として栽培していたといわれている。それ以降13世紀のインカ帝国に至るまで、トウモロコシや豆類に匹敵する重要な作物だったという。

あまらんさすの種子

日本には、江戸時代におもに観賞用として伝来した。東北地方では小規模であるがアカアワの名称で栽培されるようになった。やがて全国に栽培が広がり、水田の転換作物として九州地方などで栽培された。

栄養と機能性成分　ほかの作物と比べてタンパク質、カルシウム、リン、カリウムなどを多く含む栄養価の高い食品である。また、必須アミノ酸も多く含んでいる。葉はクセがないのでおひたしにしたり、てんぷらにもできる。葉は野菜、種子は穀物、花は観賞用にされる。

あわ［粟］

イネ科の一年草であるアワの穂の実を乾燥させた製品。

日本における五穀のひとつである。現在ではあまり食べられていないが、戦後の食糧不足の時代にはアワを焚いたりお粥にしたり、米などに混ぜたりして日常的に食べられていた。

あわの実

生態　東アジア原産で、穂は黄色く垂れ下がる。生育期間が3～5カ月と短いため、ヒエ（稗）とともに古くから庶民にとって重要な作物で

あった。日本には縄文時代に渡来したと考えられている。温暖で乾燥した風土を好み、高地でも栽培が可能な作物である。粳種と糯種があり、粟餅などの原料として食用になる。ホームセンターなどで販売されているのは粳種であり小鳥の餌などに使われている。生産地は熊本県、鹿児島県などが多く、ほかに長野県、青森県、福島県、北海道などでも栽培されている。

栄養と機能性成分 タンパク質、ビタミンB₁、鉄分、ミネラルが豊富である。ほかの雑穀と比べてパントテン酸が多い。近年は健康志向からほかの雑穀と合わせて五穀米、十穀米として市販されている。

あんこな ［餡粉］

名称 豆類の中でアズキやダイズ、インゲンマメなどを粉にして餡を作り乾燥した粉末状の製品。

昔は、米や麦の粉で作った生地の中に包んだ中身をすべて「餡」といった。いまでいう肉まんの中身をさしていたようだが、仏教では肉食が避けられない代わりに豆類が使われるようになっても、そのまま餡と言われたと伝えられている。豆類は、吸水し、加熱されることでデンプン粒子をタンパク質が薄く包み、なめらかな餡状になる。したがって、豆をそのまま乾燥したり、煎って粉にしても餡粉にはならない。豆類に砂糖を加えて煮た餡は日本独特の食品であり、様々な菓子の食材として利用されている。

製造方法 製造方法によって、さらし餡とこし餡に分けられる。さらし餡は灰汁の少ない味なので、主に高級和菓子などに使われる。こし餡は水で晒さないので、アズキの濃い味が残っている。

▶さらし餡 ①小豆を煮てすりつぶし、布で濾す。②表皮を取り除く。

③水に晒した後、水を切り、乾燥する。

　▶**こし餡**　①小豆を煮てすりつぶし、布で濾す。②表皮を取り除く。③水を切り、乾燥する。

　▶**あか餡**　小豆やそのほかの赤色の豆を（金時豆、うずら豆、いんげん豆）などを原料にして、赤色に仕上げた製品。

　▶**しろ餡**　大手亡などのしろ豆系のまめ（白小豆、大手亡、大福、白金時など）を原料にして、白色に仕上げた製品。

　栄養と機能性成分　餡の原料はアズキやダイズ、インゲンマメです。栄養と機能性成分はあずき（小豆）と同じです。

　保存と利用方法　餡粉の水分は6%以下なので、包装資材に問題がなければ一年以上経過しても変化は少ない。しかし、白餡の豆は脂肪分が比較的多いので一年以上経過すると油臭くなる。湿気のない容器に保存すること。練り餡や生餡はそのまま使えるが、餡粉は鍋に水を加えてかき混ぜてから30分間静かにおき、水を十分吸って生餡の状態に戻してから砂糖など加えて加熱してから利用する。

おしるこ［お汁粉］

お汁粉には、つぶし餡の田舎汁粉、こし餡の午前汁粉がある。お餅を入れて正月の鏡開きなど、一年中食べられる。たくさん作ったときは冷凍庫に入れて保存して使います。

おはぎ［お萩、ぼたもち］

春秋のお彼岸のご馳走は春の牡丹の花の咲く時期のぼたもち、秋の萩の花が咲くこの時期のおはぎと呼び名は変わりますが同じものです。

いもがら［芋茎、芋幹］

サトイモ科の多年草であるサトイモの葉柄（茎）を乾燥させた製品。

山形県庄内地方（からとり芋）、福島県、新潟県などで需要が多い、冬場の乾燥野菜として雪国などでは保存食品として人気が高い。高知県、熊本県など全国的に作られている。

葉柄の表面の皮をむいてから乾燥させることが多いが、表皮をむかずにそのまま荒縄などでしばり、軒先に吊るし干しして乾燥させている地方も多い。

サトイモは東南アジア、マレー半島、タイなどが原産地で、中国を経て日本に伝来し江戸時代には各地で栽培されるようになった。熊本城を築城するときに籠城を予見し畳の芯になる畳床として用いたり、太平洋戦争のときに、乾パンの原料に用いたなどの逸話がある。

いもがら

サトイモの葉柄部分

名称 生の葉柄を「ずいき」と呼ぶが、いもがらを「ずいき」と呼ぶこともある。葉柄が緑色のカラドリイモやハスイモ（葉柄専用種）などで作った「青がら」と葉柄が赤紫色のヤツガシラやトウノイモなどで作った「赤がら」がある。また、いもがらの葉茎を二つ三つに割って乾燥したもの割菜と呼ぶ。割菜は、生のまま湯がいて熱いうちに酢をかけ

ると赤くなりそのまま食べられる。

　生態　サトイモは高温多湿を好むが、土地に適応性があるため青森県から全国各地で作られており、それぞれの土地に適した品種が多い。11月頃から霜の降りる頃が収穫期であり、東北地方や徳島県、高知県、和歌山県、熊本県が産地である。表皮をむくときにあくがでるので、下処理や干す作業に手間がかかる。特別な産地銘柄はないが京都地方のエビイモ、ハスイモ、カラドリイモなどがある。

　栄養と機能性成分　血圧を下げる効果があるといわれるカリウムのほか、カルシウム、鉄、食物繊維が豊富であり脂肪をほとんど含まない低エネルギー食品である。

　保存と利用方法　5月を過ぎるとカビや害虫が発生するので缶や密封容器に入れて保存する。生でも食べられるので戻し方は簡単、よく水洗いして、水に2〜3分浸けるだけでよい。多少のエグ味があるので好む人もいるが、エグ味を取るには熱湯に浸けて、冷めたら水を取り替えて再度煮るとよい。みそ汁やほかの野菜と一緒に煮物や油炒めなどに利用する。また、かんぴょうの代わりに紐のように結んだり、海苔巻などに利用する。

　酢の物、芋煮、炒め煮、油揚げと人参との炊き合わせなどの利用方法もある。

いりぬか［煎り糠］

　生の米糠を煎った製品。玄米を精米するときに生じる副産物である生糠は、そのままであると雑菌が多く、発酵してしまったりするので保存性が悪い。これを煎ることで利便性を高めたのが煎り糠である。玄米を精米すると約10%の生糠が出る。生糠は非常に脂肪分が多いので、抽

出精製して油として、あるいは化粧品などに利用されている。

　日本人の漬物に欠かせない発酵食品である糠漬けの「糠床」に多く使われたり、キノコの菌床栽培用などに利用されている。

　生態　現在市販されている家庭用の煎り糠は主に漬物用である。糠漬けであるのため、干し椎茸の粉末、唐辛子、芥子粉、昆布などを配合して「味付け糠床」として付加価値をつけて販売しているものが多い。また、独特の糠味噌臭がするのでビール酵母菌など配合したものなどがある。

　作り方は簡単、生糠を大きめのフライパンでまんべんなく煎って約5分くらいすると香りがするので確認してください。

　栄養と機能性成分　タンパク質やビタミンB₁、ミネラルなど栄養が豊富であるが、直接食べるものではないので多く摂取することは期待できない。

　煎り糠は煎っているが虫（コクゾウムシ）などが発生しやすいので、唐辛子や缶に封入して保存するか、早めに使うのがよい。

いんげんまめ ［隠元豆］

　名称　マメ科の一年草であるインゲンマメの種子を乾燥した製品。

　原産地は中南米一帯で、紀元前から栽培が始まりメキシコを中心として広まったとされている。コロンブスの新大陸発見によりヨーロッパに伝えられて、世界に広まった。およそ150カ国で栽培されている。

　日本には江戸時代初期に黄檗宗の隠元禅師が中国から日本に渡来してもたらしたという逸話からインゲンマメの名がついたとのことである。隠元禅師が実際に何の豆を持ち込んだのかはさだかではない。新たに明治初期にアメリカから各種の種が持ち込まれ、全国で適正種を選んで栽

培されるようになった。特に北海道では開拓に伴い広く栽培されるようになった。

生態 インゲンマメは非常に品種が多く、各地に合う適正品種が在来種として栽培されている。特に北海道の生産量が多く、現在は90％が北海道産である。豆類の中でもダイズに次ぐ生産量があり、輸入量も多い。年間4〜5万トンがアメリカ、カナダ、中国、ミャンマー、ボリビアなどから輸入され、甘納豆や和菓子などに利用されている。また、比較的成長が早く、年に3回も収穫できることから三度豆（さんどまめ）などの呼び名がある。豆類は総じて生では毒性があるので食べられないし生茹ででも下痢等の炎症があるので注意したい。若莢インゲンをスライスし福神漬などに利用するものもあるが利用価値が少ない。

主な種類

▶**大福豆**（おおふくまめ） ヘソの部分まで白く、腎臓のかたちに似た美しい豆で西日本では斗六豆（とうろくまめ）、斗六寸豆（とうろくすんまめ）などとも呼ばれている。白インゲンマメの一種で大粒で大きく味もよいことから需要も多く、最高級品とされている。甘納豆やきんとんなどに利用されている。

大福豆

▶**手亡豆**（てぼうまめ） 白インゲンマメの一種でつる（手）がなく、枝に直接実るため「手亡」と呼ばれる。豆の大きさによって、大手亡、中手亡、小手亡と呼びわけられている。ホクホクとした味わいで小粒なので早く柔らかくなり煮る時間も早い。主に白餡の原料として使われている。

手亡豆

▶ **金時豆**（きんときまめ）　種皮が赤色の品種。インゲンマメの中でも国内栽培が一番多い。

　近年は様々な品種が開発されているが、代表的なものでは北海道帯広の大正村で量産が始まったことからその名がついた「大正金時」が有名である。

　「福勝金時」（ふくまさり）、「福良金時」（ふくら）、「前川金時」は幻の在来種金時豆で明治時代に持ち込まれ、遠軽町の篤農家によって再現され収穫量が伸びた。種子は小ぶりでやや黒味を帯びているが甘みとコクがあり煮くずれしないので豆ごはんに人気がある。地元料理で小麦粉を水に溶き前川金時をいれた「バタバタ焼き」と呼ばれるおや

金時豆

うずら豆

つがある。「本金時」は 100 年近く栽培されている北海道で一番古い金時豆である。サラッとしていて煮豆にすると赤い色がきれいに発色するので赤飯などに使う。「丹頂金時」（たんちょう）は煮豆をはじめサラダや洋風料理などに人気がある。

▶ **うずら豆**　灰褐色の種皮に茶褐色の斑点模様がある品種。鳥のウズラの卵に似ている模様からこの名がついた。主に煮豆に利用される。本長、中長、丸長など様々な形の品種がある。デンプン質が豊富なのでホクホクしておいしく、ピラフ、炒め物、サラダ、和え物、スイーツなどに使われている。

▶ **虎豆**（とらまめ）　白い種皮が虎の皮模様斑点が似ていることからこの名がついた。アメリカから伝来した。

　デンプンの粒子が細かく粘りがあるため、「煮豆の王様」といわれ、

モチモチした味を生かしてピラフや煮豆に最適とされている。

▶ **紫花豆**　赤紫の種皮に黒い模様がある品種。インゲンマメと同族であるがベニバナインゲンというマメ科の多年草（日本では一年草）のつる草の種子である。中南米原産でアメリカからヨーロッパに広がり日本には江戸時代に入ってきた白花豆、黒花豆、藤花豆などと並び粒が大きいので東北地方から長野県、群馬県などの標高1000m以上の冷涼な土地を好む。赤い花が美しいので、当初は観賞用に栽培されていた。大粒で食べごたえがあるので甘納豆、煮豆などに使われ

虎豆

紫花豆

ている。群馬県の嬬恋高原や長野県の戸隠、乗鞍高原のものは長さが30〜40㎜を越えることから「高原花豆」の名前でも販売されている。北海道産の約2倍ほどのものもある。

　表皮が厚いため、水で戻すときも煮るときも時間がかかるがデンプン質の多い豆でホクホクと栗のような食感で製菓の材料、スイーツと利用される。アントシアニンが多い。

紫花豆のスイート煮
①水洗いした後一晩水に浸し戻しておく。
②水戻しした豆は水を交換してを鍋に入れ中火にかける。
③水が沸騰したら10分ほど煮てから茹でこぼしをし煮汁を捨てて再び火にかける。

④火加減を弱火にし、さらに 60 〜 80 分位煮てアクが出たらすくいとる。

⑤豆の茹で加減を見てから別の鍋にグラニュー糖を豆と同量入れて溶かす。

⑥そのまま一晩ほどおいて、豆に甘さを加える。

⑦さらに中火で温め温度が上がったらさらにグラニュー糖を加える。砂糖の甘さは好みによる。

⑧常温に戻したら好みで水飴や洋酒などを加えるのもよい。

紫花豆の簡単な使用法

完全乾燥製品を水に一晩浸けてから 2 〜 3 回煮こぼしを繰り返す。あとはトロ火でゆっくり煮るが、この時お酒をさかずきで 2 〜 3 杯加えると柔らかさが倍増する。圧力釜でも柔らかく煮える。味付けは完全に柔らかく煮あがってから。あとはお好みでお召し上がりください。豆の中でも個性の強い花豆で、クセがあって手間がかかるが倍くらいに膨れて美味しく、時間かかればそのぶん楽しみもふえるでしょう。

▶ **紅絞り豆**（べにしぼまめ）　虎豆と金時豆の交配種。紅白の模様から縁起物として珍重されている。煮豆やスープなどの料理に使われ煮るとピンクになる。

あっさりとした味と茹でてそのままサラダやピクルスなどにと用途は広いが生産量は少ない。

▶ **さくら豆**　北海道の南、厚沢部町（あっさべまち）の農家が代々作っていた在来種。桜色の赤い豆。

▶ **その他のインゲンマメ**　貝豆、パンダ豆、栗いんげん、おかめ豆、緑貝豆、てんぷら豆、ビルマ豆、黒いんげん、茶いんげん、キドニー、カナリオビーン、クランベリービーン、ビルマ豆、カリオカ豆、ブラックタートル、ピントビーンなど多くの輸入豆がある。

栄養と機能性成分　穀物の補いに活用したいミネラルと食物繊維を多

く含む食品。

　インゲンマメは栄養的にみると、主食か副食か位置付けが難しい。ダイズよりタンパク質と脂質が少なく、炭水化物が多い。一方、穀物より炭水化物が少なく、タンパク質と脂質が多い。タンパク質の栄養価を表すアミノ酸はダイズとほぼ同じである。ただし、タンパク質の含量が少ないので、インゲンマメはダイズのようにタンパク源とはならない。つまり、インゲンマメは、主食の補いと考えた方がよさそうである。

　カリウム、カルシウム、マグネシウム、鉄、亜鉛、銅を多く含んでいる。カリウ

紅絞り豆

パンダ豆

ムは血圧低下作用、カルシウム、マグネシウムは骨の成分となり、骨組粗鬆症を予防する。鉄は血液のヘモグロビンの構成成分となる。亜鉛は味覚を正常に保つだけでなく、栄養素の代謝に関する様々な酵素の成分となる。いずれも茹でると流出もするが、戻し汁で煮含めたり、戻し汁をスープにするなどにして、利用すれば無駄にならない。

　インゲンマメが穀物と決定的に異なるのは、食物繊維が多いことである。中でも花豆に多い。穀物も繊維は多いが玄米でさえも、インゲンマメの3割にしかすぎない。食物繊維は不溶性が多く、便秘解消に最適である。柔らかく煮れば食べやすく、噛む力の衰えた高齢者の補給によい。さらにこうした豆のよさを生かすには、肉や野菜と組み合わせて食べる欧米の豆料理などを見習いたい。

調理方法

①大豆と同様に、水に一晩浸しておきしわが伸びるまで浸水させて戻してから、戻し汁のまま火にかけて茹でる。

②とろ火でゆっくりが基本。強火にすると皮が破れやすく煮くずれするので、つねに豆に汁がかぶるようにし足りないときは水を足しながら、気長にじっくりと煮る。

③大豆のように保温時間を長くして余熱で火を通す方法では、デンプンの多いインゲンマメは傷む心配がある。

④時間を短縮するには乾燥のまま煮る圧力なべを使うとよい。

⑤茹で汁は基本的には捨てる必要はない。茹で汁にもミネラル、水溶性のビタミンB群も溶け出しているのでそのまま使いたい。甘い煮豆にする場合でも煮汁を利用すると豆の風味が活かされ、薄味でも美味しい。

うきこ［浮粉］

小麦粉デンプンの製品。

小麦粉に水と食塩を加えながら揉むとタンパク質が固まり、小麦粉に含まれるデンプンは水と一緒に流れでる。それをふるいで水と分離し乾燥させると、本葛粉に似た固まりになる。これを製粉機で粉にしたものが浮粉である。くず餅、餃子の皮、たこやき、まんじゅう、スポンジケーキなどの和菓子に利用される。関西ではかまぼこの増粘剤としても使われている。

えごま ［荏胡麻］

シソ科の一年草であるエゴマの実を乾燥させて煎った製品。

近年健康志向の高まりから、リノール酸やオレイン酸を豊富に含んでいることで人気がある、なかでもエゴマの種子から搾った荏油が注目されている。町おこしとして、福島県、長野県などで製造販

エゴマの実

売されているが、生産量が少なく歩留まりが悪いので高価な油となり、まだ多くは普及していない。名称からして胡麻の仲間と思われがちであるが胡麻ではなく、シソの近縁である。

生態 インド、中国が原産地とされている。「荏」「十念」とも呼ばれる地域もある。煎ってそのまま飾りとしたり、油を取ったりするために栽培されている。韓国では葉を焼肉と一緒に食べるのが一般的である。長野県、岐阜県などでは種をすりつぶして「荏胡麻味噌」として、郷土料理の五平餅に塗って食べられている。胡麻と同様に使えるが、皮が硬いので煎ってから調理するのがよい。

えんどうまめ ［豌豆豆］

マメ科の一、二年草であるエンドウの種子を乾燥した製品。

生態 原産地はメソポタミア。インドを経由で中国へ渡り、日本へは遣唐使が持ち帰ったという。古くは「野良」とも呼ばれていたが、その後「豌豆」の名前が定着した。本格的な栽培は明治以降、欧米から多く

の品種が導入されてからである。豆の白
い品種もあるが、青えんどうと赤えんど
うが主である。原産地は冬に雨が多い地
中海性気候であったことから、麦類と同
様に基本的には、秋に種を蒔き、翌春に
収穫される。夏は成長期ではない。冬の
寒さが厳しい北海道や東北地方では春蒔
いて初夏に収穫する。連作障害おこしや
すく、酸性土壌にも弱い。今日世界中で
もっとも大量に消費されているのは、乾
燥していない未熟の莢（さや）や種実を野菜とし
て利用する軟莢種である。東南アジアで
は未熟な莢を利用するサヤエンドウとし
て、インドから西では完熟直前の種実を

青えんどう

赤えんどう

利用するグリーンピースとして、主に消費されている。両者の性質を兼
ね備えたのがスナップエンドウでグリーンピースと同様に種実が完熟寸
前まで大きく成長したものを収穫するが、莢もサヤエンドウと同様に柔
らかく、果実全体が食べられる。

2004年にサッポロビールからエンドウのタンパクを用いた第三の
ビールとして発売された発泡酒が、新たな食品として生み出す素材とし
て注目をあびた。

種子以外の利用もあり、若い苗や蔓の先の柔らかい茎葉も野菜として
利用される。中国では、これを豆苗（とうみょう）と呼んでいる。

用途

▶**青えんどう**　煎り豆のお菓子、甘煮の鶯餡、戻してグリーンピース
の水煮缶にされる。

　▶**赤えんどう**　塩茹でにして、ビールのつまみ、みつまめなどわずかな需要がある。

　サヤエンドウなどの若莢も未熟実のグリーンピースも旬の味覚として人気なのに、完熟豆のエンドウマメはいまや絶滅寸前だという。

かしわのは ［柏の葉］

　ブナ科の落葉高木であるカシワの葉を茹でてあく抜きして乾燥した製品。

　新粉餅で餡を包んで蒸したものを、柏の葉でくるんだ「柏餅」は、5月5日の端午の節句に作られる供え物である。カシワは新芽が出るまで古い葉が落ちないことから「子孫繁栄」「子供が生まれるまで親は死なない」とのいわれがあり、端午の節句以外の祝いの席でも使われる。収穫期は春。餅に柏の葉を使用するのは東北、信越、関東地方が多い。カシワの産地は長野県東部の上田地方、青森県などが多いが近年は韓国、中国などから輸入されている。

　関西、四国地方などのカシワが自生していない地域では、サルトリイバラ科の葉を代用しているところもある。

　保存と利用方法　利用する前に水に浸して茹でて、あく抜きをする。近年は利便性から塩漬けしたものや、ビニールでパックしたものなどが輸入されている。季節の行事の時に利用されることから販売期間が限られる。夏は気温が高くなり、害虫などが発生しやすくなるので葉は食べられないことはないが、美味しくないのであまり食べられない。

端午の節句の縁起と由来
端午とは月の初めの午の日、この午という字と数字の五の字の音が同じ

ため、五をさすようになり、やがて五月五日だけを端午というようになった。

　奈良時代に宮中では病気や災厄を避けるために菖蒲で作った人形や神輿飾り，馬から弓を射る儀式などが行われていた。菖蒲は古くから毒を払う草とされ、この時期に花が咲くことから端午の節句の象徴となる。

　平安時代には、菖蒲やよもぎを飾り、邪気を払う習慣が貴族だけでなく、一般庶民にも徐々に広まった。鎌倉、室町時代には武家政治が確立するようになり、朝廷では宮中行事が行われなくなったが、菖蒲の語呂が尚武に通じることから、武家では甲冑や刀，槍などの武具、戸外には旗幟を飾り、菖蒲やよもぎを屋根や軒にふき、菖蒲枕したり菖蒲酒を飲んだりしてこの日を祝った。

　江戸時代になると五月五日は幕府の式日となり、大名や旗本は式服姿で江戸城に行き、将軍にお祝いを述べたり、武家に男子が誕生すると、屋敷に幟や旗、指物、作り物の槍、薙刀、兜など立てて祝うようになった。

　江戸時代になってからは庶民の間にも武家の気風をまねて、男の子に初節句に厚紙で作った大きな兜や人形、紙や布に描いた武者絵を飾るようになった。しかし、庶民には幟や旗物を立てることが許されなかったため、考え出されたのが鯉の形をした吹き流し、「鯉のぼり」で、龍になって鯉が天にのぼるという中国の伝説にちなみ立身出世を祈り男子の誕生を天の神に告げ守護を願う目印にしたといわれている。明治になって政府は祝日に定め節句の行事として民間にも受け継がれた。

（以上久月パンフレットを参照させていただきました）

かたくりこ ［片栗粉］

　本来は原野に自生するユリ科のカタクリの根茎から取ったデンプンの製品。

　現在は、カタクリの地下茎から取ることは難しくデンプンの抽出に手

間がかかり生産が難しいため、ほとんど作られていない。ジャガイモ（馬鈴薯）デンプンを片栗粉という名称で販売してもよいので、商標登録されている。（「じゃがいもでんぷん」の項を参照）

かちぐり ［勝栗、搗栗］

ブナ科のクリの実を殻のまま干して、殻と渋皮を取り除いた製品。

山にある柴栗という小粒な栗を、生のまま天日で乾燥したもので、岩手県の一部地区では押し栗とも呼ばれている。

「勝ち」に通じることから出陣や勝利の祝い、正月の祝儀などに用いられてき

かちぐり

た。現代では選挙、受験、競技のときなどに縁起担ぎとして人気がある。日本では野生の柴栗が多くみられる岩手県、長野県、宮崎県などが主産地である。

中国、韓国、イタリアなどからの輸入も多い。

保存と調理　湿気のないところで、袋か瓶に入れて常温保存する。重曹を少々溶かした水に３時間位浸けて、中火で豆と同じように煮る。

栗の甘露煮
①たっぷりの水に小さじ一杯のタンサン（重曹）を入れて約10時間水戻しする。
②戻し汁に栗の色が溶け出し少し茶色になり、水戻しの段階ではまだ硬い。
③水洗いの後、1時間程煮るとかなり柔らかくる。この段階で付着の渋皮

ははがれる。

④水を替えて，勝栗が浸かる程度の水と砂糖で中火で水気がなくなるまで、焦がさないよう注意して煮る。（水100に対して砂糖または水あめ50）

⑤冷めたら出来上がり。

からしこ［芥子粉］

アブラナ科のからし菜の種実を乾燥させて粉砕した製品。

生態　中央アジアが原産地といわれる。インド、中国を経て日本に伝わった。日本では北海道、東北地方で栽培されており、大変好まれている香辛料のひとつである。

からし菜はそのまま春先に青果物として消費されたり、漬物の食材として市販される。種実は食用油として利用もされる。

香辛料の芥子粉には「和からし」と「洋からし」がある。ブラックマスタードの種を粉末にした「黒からし」が「和からし」とされてきたが、最近はからし菜の種を粉末にしたものを「和からし」と呼び、それを水で練ったものが「練りからし」として市販されている。「洋からし」はホワイトマスタード種を粉末にしたもので、これに水や酢、小麦粉を加えたものがマスタードとして市販されている。天然の色素であるウコンを使用して鮮やかな黄色に着色している。

栄養と利用方法　カリウムを多く含み、カルシウム、リン、鉄などが豊富である。湿気を嫌うので缶に入れて保管する。

利用方法はぬるま湯でよく練り、10分ほどおいてから、春野菜のおひたし、おでん、納豆、蕎麦の薬味など、用途は広い。

かんそうまいたけ ［乾燥舞茸］

サルノコシカケ科のキノコであるマイタケを乾燥した製品。

生のマイタケと比べて栄養価は変わらないが、保存性は高まり冬の鍋料理などには具材として重宝されている。

生態　天然のマイタケはマツタケに次ぐ高級品で、主に秋田県などの山中で採取される。現在は菌床栽培による製品が主流で、特に新潟県などの雪国で栽培が盛んである。

かんぴょう ［干瓢］

ウリ科のつる性の一年草であるユウガオを細く薄く剥いて干した製品。

原産地はインド、北アフリカである。ユウガオは一般的に「瓢（ふくべ）」ともよばれている。中国で作られていた瓢が日本に伝わったのは16世紀初頭のこと。日本での最初の産地は摂州（大阪市）の木津であったといわれている。

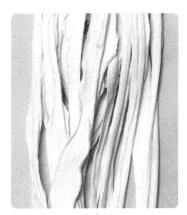

かんぴょう

その後1712年（正徳2）、藩主鳥居忠秀が近江（滋賀県）の水口から下野（栃木県）の壬生へ領地換えになったときに、ユウガオの種を取り寄せて壬生領内での栽培を奨励したため栃木県で生産が盛んになったといわれている。

名称　瓢を干して作るため「干瓢」という名前になったといわれている。木津が干瓢の産地であった名残りか、大阪の寿司屋や江戸前の寿司

屋でも「木津」と呼ばれ、大阪中央市場で相場が立った時期もある。

　生態　ユウガオは同じウリ科のヒョウタンと近縁である。花が咲いてから30日ほどで丸形、あるいは長形の果実がなる。果実は直径が30cmにも成長する。一本の枝に雄、雌の両方がある雌雄同株の連れ性植物で、初夏に咲く白い花は夕方咲いて朝しぼむのでミツバチや昆虫ではなく風で受粉する風媒花である。農家の人の手で受粉もする。つるは長くのび棚竿や稲わらを敷いた地面で伸び、長さは数メートルにもなる。栃木県の壬生、石橋、上三川などの土壌は関東ローム層に覆われているため水はけがよく、土が軽いため、浅根性で横に広がる性質のユウガオの栽培に適している。夏は、にわか雨や雷が多く発生するという気象条件が、ユウガオの生育に適していることも作付が広まった要因である。現在国内の95％がこの地域で生産されている。

　現在は首都圏の開発に伴い作付は年々減る傾向にある。昭和末期からこの地区の農家の指導のもと、中国で干瓢の生産が始まり、1982年から中国産の輸入が認可された。現在は業務用を中心に、中国大連市郊外などで生産が盛んになり多くが輸入されている。

　生産方法　農家では前日の夕方、畑から収穫しておいたユウガオを、午前3時頃から剥き始める。まずユウガオのヘタを鎌で取り除き、芯の中心に鉄棒を刺し機械で表面の皮を剥く。最初の皮は使わず、厚さ4cm、幅4〜5cm、長さ2m位に細く長く剥く。使える実の部分以外の中心部は種が多いので使用しない。太陽の乾燥力を必要とするため朝の8時頃までに作業が終わるようにしビニールハウスの中で除湿しながら乾燥する。

　ユウガオは生の状態で重さは1個約6〜7kgもあるが、乾燥後は約150gのかんぴょうにしかならない。以前は農家の軒下などで自然乾燥していたが、現在はボイラーを使い徐々に除湿しながら乾燥する農家が

ほとんどである。

干瓢は空気に触れて酸化すると褐色に変化する。そのため二酸化硫黄で燻蒸する。燻蒸することで漂白、防腐、防カビ、防虫することができ保存期間も長くなる。二酸化硫黄の残存量は 0.5ppm 以下と食品衛生法で決められている。二酸化硫黄は水に溶けやすい性質があり、干瓢を水戻ししたときはほとんど残存していないが、最近は冷蔵保管や無漂白干瓢も作られている。

機械で皮を剥く

ビニールハウスの中で干す

品質の見分け方　栃木県の干瓢協同組合では自主検査規格を定めている。干瓢は製品ごとに幅、筋の量、色、太さ、長さのばらつきがあり、また雨に濡れて染みの付いたもの、芯に近いところに種がついたものなどが混じっている場合があるので、産地問屋での選別、保存状態などが信用取引において重要となる。等級は特等、一等、二等、ツルに選別される。

生産時期によるが、枝にはつるが伸びて地面に敷いた敷き藁にしっかりバネのように絡みつくが、このバネはコイルのように右巻きと左巻きを交互に巻きつき強いハガネのようになっている。一本の枝には5個くらいのユウガオができるが最初のユウガオの一番玉は6月下旬～7月上旬。アクが強く色が黒っぽく苦みがあるので、捨てることが多い。

二番玉は7月下旬～8月上旬。三番玉のこの時期のものが最高である。末玉は品質が落ちる、固くなり9月15日頃までに収穫する。

栄養と機能性成分　カリウム、カルシウム、鉄、ミネラルなど含むが、含有量は切り干し大根より少ない。食物繊維は多く100g中30.1gある。

　軽く水洗いし少量の塩を振って、両手で弾力が出るまでもみ洗いする。そののち、水かぬるま湯に5～10分浸して水を切り、好みの固さまで茹でる。あとは味付けてからかんぴょう巻などに使う。ひな祭りのちらし寿司、昆布巻、かんぴょう巻、恵方巻、茶碗蒸し、など用途は広い。保存は湿気の入らないポリ袋か缶などに入れて保管する。

受粉後に花の根元をキズをつけるのはなぜ？

　カンピョウ作りには、面白い作業があります。それは、ユウガオを授粉させた後に花の根元を折り曲げてキズをつけることです。キズをつけることによってユウガオの養分がキズの部分に集中し、実が大きくなる期間を早くします。人間がケガをするとその個所に赤血球や白血球、血小板などが集まり自然治癒するのと同じことです。生物の成長ホルモンをこの部分に集中させることで、こうした植物の習性が実の成長を早くするのです。

　いつごろはじめられたかわかりませんが、植物の習性利用した栽培方法でこれと同じようなことが、他の葉物野菜にもあります。

　ホウレンソウやハクサイなどの場合、畝を作って種を蒔いてから芽が出て成長するまでは時間がかかります。しかし葉が育ち、隣り同士の葉が触れ合うほどに成長してくると、成長ホルモンの分泌が早まり、さらに太陽に向かって早く伸びようという植物相互の競争原理が作用して、その後は急成長します。10日から2週間で収穫が可能になります。したがって、間引きの段階でその見極めが必要になります。間引きのときにあまり間隔を空けすぎると隣の葉と接することがなくなり、かえって成長を遅くしてしまうことになるからです。

かんめん［乾麺］

小麦粉、そば粉、大麦粉、米粉等に卵黄、やまいも、抹茶、食塩を加えて練り込んだのちに圧延したり、手で延ばしたりし、切り出し乾燥した製品。

JASの定義に基づく「乾麺類」は、機械式麺製造方法と手延べ式麺製造方法に区分される。

日本の麺の長さや太さの表示は、尺貫法を使用していた時代には機械麺の太さを番号で決めていた（現在は日本農林規格に基づくmmによって区別するようになっている）。

それは1寸（30.3mm）幅から何本切り分けるかという、その本数の数で番手を決めていた方法。つまり1寸幅から5本の麺を切り出したら5番であるということである。

平麺1から6番。うどん7から12番。冷麦18番から22番。素麺24番から30番。30番の幅は約1mm幅の麺ということになる。

機械麺は30番が限界だが、それ以上の細さにするには手延べ方法しかない。切り刃の幅のほか圧延ローラの麺機械の幅も1尺幅、尺半、6寸幅、3尺ロール幅などが生産されている。企業はまだこの呼び名を使っている。

麺の歴史　麺の歴史は文献等によると、奈良時代に中国から遣唐使により「索餅」の名で持ち込まれたといわれている。

索餅とは小麦粉と米の粉を練り、それを縄のような形にねじった食品と考えられている。語源は索餅が索麺、素麺へと変化したものとされてきた。鎌倉時代の文献にはこの麦縄の名で登場している。「索」は縄を、「餅」は小麦粉を使った食品を意味していることから、索餅と麦縄は同

じものであったとみられており、宮中儀式用の供え物として利用されていた唐菓子の一種であったという説もある。平安時代から旧暦の7月7日の七夕の時、宮中儀式の供え物にされていたといわれている。全国乾麺協同組合連合会では、この日にちなんで7月7日を「そうめんの日」と定めて消費拡大を図っている。

　鎌倉時代から室町時代にかけて、中国から禅宗とともに禅林で食べる軽食の点心や茶子が伝えられた。『庭訓往来』に「索麺」「饂飩」「棊子麺」の記載がある。まさに空海が伝えた「麦麺」である。この時代、仏教が民衆に急速に広まっていくが、その布教に活用されたのが、こうした麺類だったという。まさに庶民にとっては特別な精進物だった麺を寺で打って信者に振る舞ったのである。いまも全国の寺院や神社に素麺やうどんが食される行事や祭礼が多いのはそのためである。

乾麺類の太さ、形状の違い

	直径	短径
干し平麺	4.5mm以上	2.0mm未満
干しうどん	1.7 〜 3.8mm	1.0 〜 3.8mm
干し冷麦	1.3 〜 1.7mm	1.0 〜 1.7mm
干し素麺	1.3mm未満	1.3mm未満
手延うどん	1.7mm以上の丸棒状	—
手延冷麦	1.3 〜 1.7mmの丸棒状	—
手延素麺	1.3mm未満の丸棒状	—

乾麺の歴史

蕎麦が麺になるのは江戸時代から

　縄文時代の遺跡から蕎麦の種子が見つかっており、弥生時代の遺跡からは、静岡県、東京都、青森県と広範囲から種子が出土している。そのため当時すでに栽培されていたと考えられる。しかし、文化の中心だった西日本には少なかったためか、蕎麦の加工は長く停滞していた。

　杵で搗いて、粗挽きを煮る粒食が千年近く続き、ようやく粉食に進化したのは、鎌倉時代に点心が伝来してからであり、「かきもち」「かいもち」などと呼ばれた「そばがき」が登場した。蕎麦が麺になるのはそれから200年後、朝鮮から渡来した僧が、小麦粉を混ぜる技術を伝授して以来である。「蕎麦きり」と呼ばれた麺状の蕎麦は、東日本ではそうめん、うどんの代わりに神仏の行事に使われて、生活の中の祝い事に使われていった。「引っ越し蕎麦」「棟上げ蕎麦」「結納蕎麦」はその典型である。「年越し蕎麦」「節分蕎麦」「ひな蕎麦」なども、精進というより暦の節目を祝うご馳走としてという。これは、蕎麦きりが大衆文化の興隆した江戸時代に登場したためかもしれない。

麺類が大流行、普及したわけは

　室町時代に精進物として珍重されていた麺類が、江戸時代に大量需要にこたえられるようになったのはなぜか。

　一つは石の挽き臼の普及である。石の挽き臼は古代エジプトで発明されて、紀元前1世紀に中国に伝来していた。日本には7世紀初めに高句麗から伝来した。渡来僧が実物を作って見せたが、当時の日本の石工技術は未熟で普及しなかったという。鎌倉時代前期に再度、京都・東福寺開祖の聖一国師が宋から持ち帰り、石工技術が進歩して広まったのは鎌倉時代後期だった。そのころには麦も水田の裏作栽培として始まって生産量も増え、小さな挽き臼が農家一軒ずつに備わるほどに普及して、目立て屋が農村に巡回したほどだったという。

　もう一つは醤油の普及である。室町時代に醤油の大量生産が可能にな

り、庶民の口に入るようになったのは江戸時代である。それまでの麺類は、味噌のような調味料、穀醤やうしお汁を付けて食べていたという。醤油が登場して、汁とともに麺をすする「かけ」が登場した。そこで、屋台の店先で、片手にどんぶりを持ってすする「立ち食い」が現れた。とりわけ気の短い江戸っ子に「立ち食い」はぴったり。早い、うまい、安いの三拍子そろった大衆食として、大流行したという。

製麺機の登場と乾麺

　小麦や蕎麦を粉に挽くための器具は明治時代に至るまでは石の挽き臼であった。江戸時代になると水車が普及し、精白するための挽き臼とともに、製粉用の挽き臼を動かしていたという。明治維新後、パンが軍用食糧に採用されると、それをきっかけに1873年（明治6）アメリカから製粉機が輸入された。製粉機はほとんど軍用パンなどの製粉に使われ、国内の麺には相変わらず水車を動かす挽き臼で引いた粉が使われていた。製麺の歴史に革命を起こしたのは、1883年（明治16）の製麺機械の登場である。相次ぐ戦争による軍需の増加から製粉機による小麦粉の供給量も増し、機械生産による安い乾麺が出回るようになった。

　1949年（昭和24）には機械による茹で麺の製造も始まり、1963年（昭和38）には袋入り茹で麺が発売された。以来、うどん、蕎麦類は急速に市場を伸ばした。1958年（昭和33）に、はじめて即席ラーメンが発売され、5年後には即席蕎麦も登場。1971年（昭和46）にカップ麺が発売されると、その翌年には蕎麦とうどんのカップ麺が登場した。その後、乾麺の需要が急速に伸びたのは非常に美味しくなったからである。その理由が考えられるのは、まず、小麦粉の開発である。戦後食糧難の時代にアメリカ西部の小麦粉「WW（ウエスタンホワイト）」とカナダ小麦の輸入が原料の主力を占めた。国内では北海道で小麦の生産の奨励はじめて、国産小麦粉の増産であったが、国産小麦は色が黒く、灰分も多く、気候的に麺用粉としては向いていないのであった。

オーストラリア産（豪州産）小麦の登場

　日本人の無類の麺好き要求にこたえたのが、現在市場での麺類の主力と

なっている、うどん、素麺、冷麦、平麺などはオーストラリア産小麦が主力である。かつては国産内の麦で作っていた時代はあったが、1960年代以降はオーストラリア産のFAQ（フェアー・アベレージ・クオリテー）という銘柄の小麦を輸入して使われていたがFAQは製粉しづらく、うどんにはあまり向かなかった。そのころ日本の製粉会社の社員が日本人の口に合う小麦を求めて海外各地で研究を重ねていた。製粉協会は大手製粉会社に依頼してオーストラリアに技術者を送りこんだ。彼らはオーストラリアの何百種という小麦を取り寄せて、うどんにして食べてみた。品種改良に携わる関係者に頼みながら試みを繰り返していくうちにFAQ構成品種のなかの一つの品種が浮上した。そして、「ガメンチャ」という小麦が優れた適正を持っていることを突き止めた。さらにモチモチ感を生むデンプンの性質を見つけ、タンパク質（グルテン）よりもデンプンの影響が大きく、またうどんの色、てりなど小麦本来の色がでることが分かった。この頃オーストラリアのパース市郊外では、「麺用小麦生産組合」が設立され、本格的に栽培がされるようになった。特にうどんに適した品種「ヌードル品種ANW」が栽培されるようになった。

　今日もっとも高く評価されている小麦は「ASW（オーストラリ・アスタンダード・ホワイト）」。これは、ANW（オーストラリア・ヌードル・ホワイト）とAPW（オーストラリア・プレミア・ホワイト）をブレンドして開発したものである。日本人が好む小麦の開発という一国の要望に応えた改良生産は世界的にも画期的なことであった。その後、オーストラリアの小麦が麺用に適することが知られ、韓国をはじめアジア諸国でも輸入されるようになった。日本は今も麺用の主力小麦として輸入し続けている。小麦の品種はいずれ寿命を迎えることから、たえず新品種の開発がされており、製粉各団体、製粉会社は今でもオーストラリアを訪ね、オーストラリアからも生産団体が日本に来て品種の改良の要望に応えるべくいまも改良を続けている。ASWのようにデンプンのアミロース比率が低く、モチモチした食感を生む麺用小麦が日本国内でも生産されている。

　国内小麦の製品で麺用粉に改良されたものは、北海道「チホクコムギ、

ユメチカラ」、群馬県「里のそら」、長野県「ユメセイキ」、愛知県「ゆめあかり」、香川県「さぬきの夢 2009」などがある。

機械式製造方法　基本的には製造方法は機械式も手延べ式も同じである。

機械が初めて登場したのは、1883 年に佐賀県の真崎照郷が開発したロール式による製麺機とされている。それが改良されて発展してきた。機械化・自動化されたことで品質、味などが、より平均化されたのである。

1、ミキシング	小麦粉と食塩水をミキサーに入れて混ぜる。
2、圧延、複合	生地を回転する2本の圧延ロールの間を通して延ばす。これを粗麺という。この粗麺はまだグルテンの形成が不十分のため、不均一で麺の強度も強くない、そのため2枚の粗麺を重ね、再びロールにかけて圧延する。これを複合ロールという。
3、熟成	圧延ロールにかけた生地を熟成する。生地と生地の間にある空気が水分の均一化を防げているため、少し時間をかけて空気を抜く。
4、圧延	再度圧延ロールを通して薄く延ばしていく。
5、切り出し	生地に形成した麺は切り出し、ロールにかけて麺線のサイズに切り出す。これは手打ち蕎麦やうどんの包丁切でできる工程と同じである。この時に切る麺の幅によって平麺、うどん、冷麦。そうめんなどに分かれる。
6、乾燥	この段階ではまだ生麺であるので急激に乾燥すると途中で切れたり、割れたりするので湿度、温度管理をしながら約8時間位乾燥する。
7、切断	切り出された麺は乾燥ののち、一定の長さに切断し製品となる。
8、包装	
9、出荷	

手延べ麺（素麺、冷麦、うどん）の製造方法

1、こねる　小麦粉に食塩水を混ぜてこねる。この段階でグルテンを引きだすことがポイント。グルテンを引きだすためには、十分にこねて小麦粉に塩水を浸透させることが必要。グルテンが形成されてくると生地に粘りが出てる。

2、ねかし、延ばし　量によって異なるが約4〜5分ねかす。このねかしによって小麦粉と塩水が良くなじみ弾力性が出てくる。ふっくらとした柔らかな生地を作る。踏み板の上で足踏みして円盤状に延ばす。

3、板切り　円盤状の生地に包丁か鎌で渦巻き状に切れ目を入れて断面が8cm角位の帯状からさらに紐状に延ばす。

4、油返し　この紐状の生地の表面に食用油を塗りながら引き延ばす。これを木桶（採桶）の中に渦巻き状に巻き重ねていく。油を塗ることで生地の表面が乾いたり麺が付着しないことや風味などが良くなる。

5、ねかし、延ばし　桶に巻きこんだら4〜5時間寝かせる。再び油を塗りながら細目機にかけてさらに引き延ばしていく。こなし（少均）機にかけて細く延ばす。

6、かけば　こなしを数回繰り返して7〜8mm程度の太さにする。これを二本の細い竹の棒の間に8の字にかけ、さらに引き延ばしを行う。この作業を「かけば」という。

7、小引き　かけばの済んだものを、一方は固定したままで、片方をさらに引っ張り、さらに細く長く延ばす、この作業を「小引き」という。麺を二つ折りにして室箱にて熟成する。

8、はたかけ　麺をはた（織）にかけてさばき（箸分け）を入れて二本の棒が長さ約2m くらいまで引き延ばす。

9、天日乾燥　戸外で天日干ししながら自然乾燥する。外気の温度や湿度、天候状態などを見ながら室内に入れたりしながら乾燥させる。

10、切断、結束　長い麺を一定の長さに切って木箱に詰める。一般的には19cmに切断し、一束50gに結束して木箱詰めにする。

11、やく（厄く）　この詰めた麺350束（18キロ）梅雨時が過ぎるまで保管し、この間に表面に塗った油分が風化し翌年に食べる。これを個品（ヒネ）という、9月上旬から翌3月頃まで作った麺をこの夏食べるのは新物である。

手延べ麺の製造方法

1. こねる　　　　2. 延ばす　　　　　　　　3. 板切り

4. 油返し　　　　　　　　　　　5. 細目

6. かけば　　　　　　　　　　　7. 小引き

8. はたかけ　　　　　　　　　　9. 乾燥

第2章 農産の乾物

　手延べ素麺の特徴は、手延ばし中華麺のように、手で引っ張って細くする方法があるが、竹の棒で引っ張るのが手延べ素麺である。手で引っ張ると右手と左手、利き腕がどちらかで太さが異なってしまう。そこで二本の棒を使って延ばすことになる。

　二本の竹の棒に8の字にかけることによって力が均一化されるから同じ太さの麺が出来上がるのだ。1kgの小麦粉で0.9mm以下まで延ばすと約1.5kmの長さになる。

　栄養と機能性成分　素麺やうどん類は小麦粉と塩水で作られているので、デンプンとタンパク質が多いので、ほかの野菜や精進料理の油揚げ、かき揚げ、ミツバ、かまぼこ、鶏肉、てんぷらなどと組み合わせてバランスよく食べる。

　保存と利用方法　全国乾麺協同組合連合会では、乾麺の賞味期間を機械麺の場合は、うどん、きしめんは1年以内、冷麦、蕎麦は1年半、素麺は2年。手延べ麺は製造から3年半、冷麦は1年半、うどんは1年以内をめどにしているが保存方法や管理状態で賞味期間は変わる。

乾麺の製造に塩水を入れるのはなぜ？

　麺を練り込むときに小麦粉に食塩水を入れますが、塩を入れることによって小麦粉に様々な変化が生じます。そしてその変化を通して、塩にはいろいろな働きのあることがわかります。そんな塩の働きの一側面を見てみましょう。塩にはグルテンと結合して生地を引き締める働きがあります。また小麦粉に含まれているタンパク質酵素が、塩と結合することによって酵素の働きを抑制するので生地がダレてしまうのを防ぎます。

　この結果、生地に弾力性が出て、製麺の時の作業効率を高めることになります。乾麺を製造する過程においては、急激な乾燥によって亀裂が生じやすくなりますが塩を入れることで蒸気圧が低下して乾燥速度が遅くなるため、亀裂を防止することができます。また食感としても、塩味は麺のう

ま味成分を引きだすことにつながり、茹でた麺の食感をソフトにします。熱湯のなかで塩はグルテンを引きだす役割を果たし、茹でる時間の短縮にもなります。ちなみに、茹でているときに吹きこぼれがありますが、それは塩とグルテンが引き起こす現象です。塩のもっている抗菌作用は生麺の保存性に役立ちます。麺を作る工程においてだけでも、塩がいかに貴重なものであるかがわかります。

手延べ乾麺は冬の期間に作る

　乾麺を天日乾燥している風景は、冬の風物詩です。では、なぜ冬期に乾麺干しがされるのでしょうか。一つには、手延べ乾麺作りが農家の冬の副業として成り立っていたことと関連します。夏季には農作業で忙しかった農家も冬場は仕事がありません。そこで、秋に収穫した小麦を挽いて、手延べ麺を作ることがなされました。また、夏季と違って水が冷たいので雑菌が繁茂しません。さらに水温が安定しているため均質の乾麺が製造できます。それは、寒い時期には、小麦粉に含まれている成分のグルテンの粘度性が高まり、作業効率が上がることにもなります。湿度が少なく、気候が安定していることも麺を乾燥するための大切な条件です。これらの条件が重なることから、機会による製麺が行われなかった時代には、手延べ乾麺は冬期に作られることが一般的になりました。それが今日に至っているのです。

関東は冷麦、関西は素麺

　冷麦と素麺は関東と関西では好みが違いますし、それぞれの需要も売れ行きも違います。関東では冷麦、関西では素麺が好まれるのは、麺の文化の違いがあるからです。中国から素麺の作り方が日本に伝えられたことは前述しましたが、それは手延べ麺で奈良、京都入ってきました。手で延ばしていく製造法は、技術が伴うことによっていくらでも細い麺をつくりだすことができます。しかし、関東には、手延べ式製麺方法が伝わってきませんでした。関東では麺を包丁で切りました。というよりも、江戸時代になると包丁で切ることの利便性の方が重んじられたのかもしれません。その結果、包丁で切ることのできる限界が冷麦の細さであったのです。そういった製麺方法の違いが、関東の冷麦と関西の素麺という好みを生み出し

たということができます。

麺を茹でる時間の目安は

うどんや冷麦などを調理するにあたって、もっとも大切なことが茹でる時間の見きわめです。

麺類は茹でられることによって、小麦粉に含まれているデンプン質がアルファー化して食べられる状態になります。デンプン質がアルファー化すると白い色が半透明の色に変化し、食べられる状態になったことを示してくれるのです。問題は、その食べられるようになったことをどのようにして知るかということです。

市販の乾麺類には包装袋に茹でる目安の時間が記入されていますが、それはあくまでもおおよその時間です。実際に茹でる時間は、その時の気候条件や火力の違い、水の量などによって異なってきます。また、仮に同じ条件であったとしても、「10分〜12分」と記されていますが10分と12分では伸びてしまっているということにもなりかねません。そこで茹でている麺の見きわめが大切になります。麺は外側から内側へと徐々に熱が伝わり、茹であがった部分は半透明の色に変わっていきます。そして最後に、一本の筋が真ん中に残ります。その一本の筋が残った状態が湯から上げるときです。プロは、何度も箸で麺を持ち上げながら、その茹でぐあいをチェックしているのです。

茹でるときに水を注すのはなぜか？

麺を茹でているときに、鍋のお湯が上昇して吹きこぼれてくるのを防ぐために、水を注しますが吹きこぼれるのはデンプン質と塩分です。パスタはうどんのようには吹きこぼれません。麺類は塩分を含んでいますので塩は入れません。パスタを茹でるときはスプーン一杯の塩を入れます。いわゆる「呼び塩」です。ここで塩を入れることは、麺のうま味を引き出すと同時に、茹でる時間を短くすることになります。これを「ビックリ水」といい、麺の茹でが早くなるなどと言われていますが、本来ビックリ水を注す目的は別にありました。竈で湯を沸かしていた時代には、現在のように微妙な火の調節ができません。そこで、火の調節をするのではなく、水を

注ぐことによって温度調節をしていたのです。竈は水に弱く、何度も水に当てられているとしだいにひび割れが生じ、ついには割れてしまいます。それを防ぐために湯が吹きこぼれそうになると、水を注していたのです。現在のガスや電気コンロは自由に火の調節ができますので、必ずしも水を注す必要がありません。しかし、太い麺を茹でるときには、中心まで熱が伝わるには時間がかかります。すると、芯まで熱が伝わっていく前に表面が糊化し、ダレてしまうことがあります。その場合には、ビックリ水を注すことによって、表面の麺を引き締め、麺全体への熱の伝導を均一にすることができます。

麺類の主な銘柄

都道府県	代表的な麺類	
北海道	新得蕎麦（しんとくそば） ちほくうどん 幌加内蕎麦（ほろかないそば） 十勝開墾蕎麦（とかちかいこんそば）	北海道は昔から小麦の産地であり、麺用の小麦も栽培されていたが、あまり麺作りにはむかない小麦であった。十勝池田町から北見にかけて「ちほく」という品種が開発されてから北海道産の小麦を使用した麺の味が向上していった。また幌加内町をはじめ、風味のよい秋蕎麦を栽培しているところが多く、日本の最大の蕎麦の産地となった。十勝も蕎麦の産地である。
青森県	津軽蕎麦（つがるそば）	津軽地方の山間地では、良質な蕎麦の実が採れる。津軽蕎麦は、つなぎに大豆を練り込んだ蕎麦である。
秋田県	稲庭うどん（いなにわ）	稲庭うどんは、湯沢市郊外の稲庭町の特産品である。雪国の適度な湿度のなか、伝統的手延製法でつくられている。油返しを使わず打ち粉で硝子盤の上で延ばす平麺である。

岩手県	南部蕎麦 わんこ蕎麦 盛岡冷麺	蕎麦の在来種である農林一号の交配種を開発して以降、岩手県では蕎麦の生産が盛んになった。また「わんこ蕎麦」という食べ方が有名である。大食い蕎麦とも呼ばれ、平お椀に一口ずつ入れて早食いする食べ方である。古くは来客にひっきりなしに蕎麦のおかわりを勧めた振る舞い蕎麦であったといわれている。盛岡冷麺は、韓国の冷麺とは異なる。麺には蕎麦粉が入っていない。
宮城県	白石温麺	病気になった伊達藩の殿様が食べやすいように、油を使わずに製造し、短く切ったうどん、蕎麦である。
山形県	山形天童蕎麦 紅花蕎麦・うどん 蔵王高原蕎麦 ひっぱりうどん 板蕎麦	蕎麦の産地として有名な村山蕎麦街道がある。ザルに盛られた板蕎麦や祝いの席で出される振る舞い蕎麦、紅花を練りこんだ色鮮やかなうどんや蕎麦がある。
福島県	磐梯蕎麦 ねぎ蕎麦 裁ち蕎麦 檜枝岐蕎麦	新潟県に近い山里にある桧枝岐は、蕎麦が有名である。かつて、信州高遠藩の藩主が会津藩に移ったことをきっかけとして蕎麦が伝わり、広まっていったといわれている。 一本のねぎを箸代わりにして食べる大内宿のねぎ蕎麦が有名である。蕎麦の消費が多い。
新潟県	磯割り蕎麦 へぎ蕎麦 十日町蕎麦	十日町市、小千谷市は昔から織物の産地で着物の洗い張りに海草のフノリを使っていた。このフノリをつなぎとして蕎麦に練り込んだ磯割り蕎麦がある。これを「へぎ（器）」に盛ったことからへぎ蕎麦と呼ばれる蕎麦がうまれた。長野県との県境は蕎麦の産地である。
群馬県	上州うどん 水沢うどん 館林うどん おきりこみうどん	関東平野は小麦の産地で製粉会社が多く、麺の一大産地である。
茨城県	金砂郷蕎麦 常陸蕎麦	袋田、大古町、金砂郷町などは地粉蕎麦の産地である。

栃木県	島田蕎麦 （しまだそば）	自然乾燥するときに短い竹の棒に麺を吊るしたものが女性の髪型のひとつ、「島田結い」に見えることから、島田蕎麦の名がついた。
埼玉県	加須うどん （かぞ） 秩父蕎麦 （ちちぶそば）	埼玉県は小麦の産地であり、うどんの消費が多い。加須市はうどんの町といわれている。
長野県	戸隠蕎麦 （とがくしそば） 善光寺蕎麦 （ぜんこうじそば） 安曇野蕎麦 （あずみのそば） 霧下蕎麦 （きりしたそば）	長野市の善光寺蕎麦が有名である。霧深い戸隠高原は蕎麦の産地である。
山梨県	ほうとう	カボチャやジャガイモなどを入れた味噌煮込みうどんの一種。
富山県	大門素麺 （だいもんそうめん） 氷見うどん （ひみ） 利賀蕎麦 （とがそば） 砺波うどん （となみ）	越中富山の蕎麦は、山芋をつなぎにしており、太く短かめに打つ。もっちりとした手打ち蕎麦である。
静岡県	茶蕎麦 （ちゃそば）	茶どころとして有名な静岡県ならではの茶蕎麦は、料亭の定番である。延びにくく、茶の香りも楽しむことができる。
愛知県	きし麺 （めん） 煮込みうどん （にこ）	きし麺の発祥には諸説あり、名古屋城築城の際、美濃国の奉行につくらせた「雉子麺」が転じたという説や、紀州でつくられていた平打ち麺が名古屋に伝わったという説などがある。八丁味噌でつくる煮込みうどんは格別。
三重県	大矢知冷麦・素麺・うどん （おおやえちひやむぎ・そうめん）	桑名市や四日市市大矢知の手延麺が特産である。
奈良県	三輪素麺 （みわそうめん）	日本の伝統的手延べ素麺の発祥の地である。11月から3月の寒い時期に製造される。
大阪府	なにわうどん	関西では、麺類のなかでもとりわけうどんが人気で、消費も多い。

兵庫県	播州素麺 淡路島御陵の糸 出石の皿うどん	豊富な小麦と赤穂で塩が採れることから手延素麺の製造が盛んになった。最大の生産地である。
岡山県	鴨川うどん・素麺	瀬戸内で生産される小麦と、水車引きが盛んであった。いまなお、手延素麺の産地である。
島根県	出雲蕎麦	何枚も重ねた朱塗りの器に、色とりどりの薬味をのせた割り子蕎麦が有名。出雲蕎麦は蕎麦の実の甘皮をいっしょに練り上げるため色が黒く、香りも強いため濃いめの汁で食べる。
香川県	讃岐うどん 小豆島手延素麺	讃岐平野は、小麦と瀬戸内の塩にめぐまれた温暖な気候が特徴である。うどんに練り込む塩の量をしめす、「温三寒六常五杯」といううどん打ちの基本言葉が伝わっている。温かい時期には生地がだれるため塩を少なめにし、反対に寒い時期には塩を多めにするよう伝える言葉である。
徳島県	半田素麺 祖谷蕎麦	半田の手延麺はやや太めの麺である。このほかにも、祖谷地方に伝わる山芋をつなぎにした色の黒い蕎麦がある。
福岡県	浮羽素麺	福岡県のなかでも、筑後平野はとりわけ小麦の産地である。
佐賀県	神埼素麺 うどん	吉野ヶ里遺跡にほど近い神崎の素麺は、こしの強さが特徴である。
長崎県	島原素麺 五島うどん	南島原地方は手延素麺の最大産地である。「焼きあご」のだしで食べる素麺はこの地方に多い。
熊本県	南関素麺	手延素麺の生産地である。
沖縄県	沖縄そば	沖縄そばは、蕎麦粉を使わず小麦粉でつくる麺である。つなぎにモズクを練りこんだモズクうどんもある。

きくらげ［木耳］

キクラゲ科のキノコであるキクラゲを乾燥した製品。

人の耳のかたちに似ていることから「木の耳」という意味で「木耳」の名になったといわれている。江戸時代の『本朝通鑑』では、クラゲをイメージして、「木海月」と書いてきくらげとしている。「木水母」とも書く。

黒キクラゲ

生態　主に中国、韓国で栽培されており、天然と菌床栽培のものがある。春先から梅雨時にかけてケヤキ、クワ、ブナなどの広葉樹の倒木や枯れ木に発生する。ゼラチン質で、乾燥すると軟骨質になる。食感が海のクラゲに似てコリコリとした歯ざわりが楽しめる。形は不規則で円錐形など変化に富んでいる。表面は滑らかである。最近は群馬県、熊本県などでも栽培されているが菌床栽培で量はわずかである。中国の吉林省、黒竜江省などから多く輸入されている。

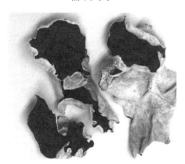

裏白キクラゲ

主な種類

▶**黒キクラゲ**　一般的なキクラゲで中華料理の野菜炒めなどに多く利用されている。セミなどとも呼ばれている。中国産がほとんどで等級も１等から３等まで

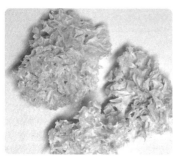

白キクラゲ

区別されている。キクラゲは輸入された後で、異物混入などから一度洗浄して、再乾燥したものが市販されている。

▶**裏白キクラゲ** 黒キクラゲよりも大きく、表面は黒色で、裏面にビロードのように白い産毛が生えており硬い。主に台湾など暖かい地方で平地に生育する。

中華料理をはじめ、サラダ、キクラゲスープなど汎用性は広い。水戻しすると10倍くらいの大きさに戻る。戻し過ぎに注意。

▶**白キクラゲ（銀耳インアー）** シロキクラゲ科のキノコでクヌギの木に発生する白色、または黄色味のキクラゲで昔から漢方薬の不老長寿の材料として珍重され高価なものであった。

室町時代は日明貿易が行われ、禅寺に普茶料理が伝えられた。最近ではデザートとしてシロップなどかけて食べられている。中国の四川省などで生産されており、中華のデザートとして人気がある。年間を通して販売量が安定している。

栄養と機能性成分 ビタミンD、ビタミンB₂、鉄分、貧血を防ぐ亜鉛、カルシウム、食物繊維などが豊富に含まれている。肉厚でよく乾燥し、カビ臭くないものがよい。「高温多湿」を避けて瓶や缶に保存すれば、1年間持ち、ラーメンの具材、中華料理、酢の物の具材のほか、チゲ、ナムルなどの韓国料理に幅広く利用されている。調理前に水洗いして10分以上水戻しをして使う。

きび［黍］

イネ科の一年草であるキビの種子を乾燥させた製品。岡山県名物の吉備団子はキビの語呂合わせか？ 桃太郎の話に出てくるごほうびの「きびだんご」の名前でも親しまれている。きびだんごはもともとキビを材

料に作られていたが、いまは白玉粉（糯米の粉）や粳米の粉、マキビを使って作られている。

キビの種子

名称 キビの種子は淡黄色で大粒、粳黍（うるち）と糯黍（もちきび）の2種類に分けられるが、中間的な品種が多い。糯黍の方がよく食べられている。粳黍は小鳥の餌などに利用されている。原産地はアジア中央部から東部にかけてだといわれている。日本では北海道、岩手県、長崎県などでも作られている。米、麦、粟、稗などよりも少し遅れて中国から伝来したとされる。種子が黄色いことから「黄実」となり「きび」と呼ばれるようになったという。五穀（米、麦、稗、黍、大豆）の作物の一つとされている。

生態 イネより短時間で育ち、荒地などでも栽培ができることから、かつては広く栽培されていた。近年はオーストラリアなどから一部輸入されているがごくわずかである。

お米と一緒に20％位混ぜて炊飯して食べるか、お粥などに利用されている。

栄養と機能性成分 タンパク質、鉄分、亜鉛、ミネラル、食物繊維が含まれており、米や麦におとらず栄養はある。ダイエット食材や黍餅などに利用されている。

ぎんなん［銀杏］

イチョウ科落葉性高木であるイチョウの種子を乾燥した製品。

イチョウの木の原産地は中国と言われている。仏教の伝来とともに朝鮮半島を経て日本に伝わり、神社、寺院などに多数植えられるように

なった。現在は街路時などにも多くみられる。

　ギンナンは古くから食用として利用されているが、外種皮に独特の臭いがある。外種皮のなかに、硬く白い中種皮（鬼皮）に包まれた種子（胚乳部分）が入っており、取り出すのに手間がかかる。秋深くなると街路路や公園などにギンナンの実が成り、気楽に拾うことができるが、直接手に触れると手がかゆくなるので必ずゴムの手袋などをつけて拾う。

　拾った実を数日間土の中に埋めて腐らせておくか、川などで撹拌しながら表皮をむき、良く洗って天日干しし乾燥すれば食べられる。店頭で選ぶ場合は、白く、丸みがあり艶のあるものを選ぶ。

　生態　秋の早い時期から実が成りはじめ、11月過ぎると収穫時期となる。イチョウの木は落葉樹で雌雄異株の風媒花。4月に若葉と同時に花が咲き花粉が風に乗って雌花につき、秋になると精子をだして雌花の中で受精する。イチョウが紅葉すると実は自然に落ちるが、木をゆすって落としながら収穫する。

　日本では東北地方から九州地方にかけて採取されている。産地は秋田県、新潟県、愛知県、福岡県、大分県などが有名である。なかでも大分県産の丸ギンナンは実が大きくて人気がある。品種は金兵衛、久寿、藤九郎、喜平などがある。粒が大きく艶があり、中身がよくつまっているものがよい。

　殻が黒ずんでいるものは古くなったものであるからさける。

　栄養と機能性成分　脂質、糖質、タンパク質、ビタミンA、B群、ビタミンC、鉄、カリウムなどを含み、滋養強壮の薬膳として人気がある。種子は水分があるので高温になるとカビが生える。長期期間経つと水分がカラカラになるので、その前に加工する。殻のままビニール袋に入れて冷暗所か冷蔵庫で保管する。アレルギー性皮膚炎を誘発するギンコー

ル酸など含むので注意する。

　利用方法　茶碗蒸し、鍋物、おでん、など日本料理の引き立て役の飾りなどに用いられる。あまり多く食べすぎると鼻血が出たりするので、少しずつ食べるのがよい。炒めたギンナンはセキ、タンに効き、また、保温効果があるといわれている。

くずこ ［葛粉］

　マメ科の多年草であるクズの根から採れるデンプン質を精製した粉の製品。

　クズは秋の七草の一つであるが、葛きり、葛素麺、葛餅など葛粉を利用した製品は、そのさわやかな口あたりから夏の冷たい和菓子などに多く利用されている。また、葛粉はデンプン類のなかでも、透明感などからも、最高級品とされている。

　名称　野山に自生するつる性の葛芋（クズの根の部分）を秋に葉が落ちて春新芽の出るまでの12月〜3月頃に山で掘り出し、加工した製品を本葛粉と呼ぶ。葛粉は薬効をもち、多少の苦みがある。

　生態　30年から50年にわたり地下茎で育ったクズの根は、長さ2m、径20cmにもなる。本葛は生産量が少なく高価であるため、一般的にはじゃがいもデンプン、さつまいもデンプン、コーンスターチなどを混入したものが多い。産地としては奈良県の吉野本葛、三重県の伊勢葛、福岡県の秋月葛などが有名であるが、生産量は少ない。

　製造方法

　①クズの根を繊維状に粉砕する。

　②真水で洗い、その絞り汁からデンプンを沈殿させ、上水を捨てる。

　③真水を入れて撹拌し、下に沈殿した良質なデンプン部分を取り出

す。

④さらにアク抜きのために真水を入れて撹拌し、沈殿させて上水を捨てる。

⑤以上のような精製作業を何回も繰り返したのち、絹ですくいあげて乾燥する。

利用方法

▶**葛切り** 葛粉を水で撹拌して熱を加えたのち、氷水に入れて冷し、麺状にして乾燥させたもの。京都府や奈良県などの観光地では夏の涼味として、黄粉や黒蜜などを付けて食べられている。精進料理やお茶漬けなどにも人気がある。用途

葛切り

は春雨と同様であるが昔は葛切りが良く食べられていた。葛からデンプン粉を取り出す作業に手間がかかるため、葛粉は春雨より高価である。春雨の製造方法の凍結法と非凍結法と同じ原理で作られるが、糊化、温度、熟成方法、原料配合（混合比率）などは専用業者によって異なる。最高級品は「吉野本葛切り」とされている。

▶**葛素麺** 葛粉を水でこねて沸いた湯の中に細く落とし、アルファー化して茹でたものを乾燥した製品である。しかし、現在市販されている葛素麺はデンプンを煮て糊をつくり、その糊をこねて生地を作り製麺機にかけて製麺したものや、手延べ素麺の製法で小麦粉に少量を混ぜたり、打ち粉として麺の表面に振り込んだ手延べ葛素麺などの製品がある。葛餅や葛根湯などにも利用されている。

栄養と機能性成分 葛はイソフラボノイド、ダイセンを含んでおり、体を温め血行をよくする。また更年期障害や骨粗鬆症、前立腺がんなどの改善効果があるとされている。本来原材料には原産地の表示などの義

務がないようであるが、製品は良く表示の確認をすること。「本葛」、あるいは「本葛デンプン」と記されているものが本葛であり、「葛粉」と表示されているものは、ほかのデンプンと混ぜた製品である。湿気を嫌うので密閉容器、缶などに入れて保存する。中華料理のトロミ付けなどに利用すると料理が冷めにくくなる。冷えると固まるため和菓子や洋菓子などいろいろな用途がある。

秋の七草

『万葉集』の山上憶良の歌の中にも野に咲く花、としてうたわれている。春の七草が長寿と幸福を祈って食べるものですが、秋の七草は鑑賞用として楽しむものとされています。埼玉県の秩父長瀞地方に七草寺巡りなどがあります。秋の七草は、葛、桔梗、藤袴、萩、女郎花、撫子、薄です。

葛切り

『方丈雑記』によると、葛の粉を水と和し、火にて練り、平らな銅の鍋のうちに、練りたる葛を打ち上げて湯気をさます。酒にしたして食べる。くちなしの汁で色を付けたものと付けないものを混ぜて盛る。その黄色と白の美しさから水仙羹とも呼ばれる、とある。

江戸時代の『料理指南抄』に、葛切りは葛を粉にしてよくふるい、煮え湯にて良き加減にこね、丸盆ほどに打ち延べ、切り麦のごとく細く切る。ふり粉にも葛の粉を仕り候、煮湯も煮えすぎ申さず候ほどにそのまま取り上げ、水に入て、二三遍も替え、切り麦のごとく、冷やしてなりとも、また温めて候には湯をさし申し候、とある。

くるみ ［胡桃］

クルミ科の落葉樹であるクルミの実の核を乾燥させた製品。美しい肌と頭脳の持ち主であったという中国の清朝時代の西太后の美と健康長寿

第2章 農産の乾物

の秘密はクルミのおしるこだったという。カロリーが高いため食べすぎはよくないが、1日に2〜3個を目やすに食べるとよい。殻が硬いので日持ちするが、古くなると油臭がする。酸化しているサインなので食べるのはさける。

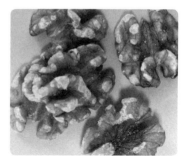

くるみ

生態 原産地はヨーロッパ西部からアジア西部の北半球の温帯とされる。日本に自生しているクルミの大半は鬼クルミである。肉質の外果皮とゴツゴツとした凹凸があり、硬い内果皮（核）の中に子葉（可食部）があるため取り出しにくい。

長野県が生産量日本一で、菓子クルミという品種が多く栽培されている。鬼クルミのほか、姫クルミが栽培されている。姫クルミは鬼クルミよりやや小さく、ハート形をして殻の凹凸はすくない。近年は中国やアメリカのカリフォルニア産のものが多く輸入され、殻を取り除いた状態で販売されている。

生産方法 クルミは5〜6月にかけて開花し、夏に実が入り始め、秋の刈り入れの頃に収穫する。実は自然に落下するするが、アクが強いのでゴム手袋などを装着して拾い集める。収穫したら畑の土に埋めて外果皮が腐るまでおき、これを水で洗い流し核を取り出して乾燥する。鬼クルミや姫クルミの殻は大変硬くて割れないため実を取り出すには専用のクルミ割り器かハンマーを用いる。菓子クルミは核果同士を、筋に合わせて手のひらで握りつぶせば簡単に割れる。

姫くるみ

栄養と機能性成分 クルミはカ

ロリーが高く、良質なタンパク質、脂肪、ビタミン B_1、ビタミン B_2、ビタミン C、ミネラルが豊富に含まれている。クルミの脂肪にはコレステロールを取り除くリノール酸が多く、高血圧や動脈硬化を予防する。

保存と利用　保存は湿気のない常温のところで行なう。

日本料理ではクルミ和え、クルミの甘煮、和菓子、クルミ餅子、クルミ餅、クルミ汁、洋菓子、ケーキなどに利用されている。

明がらす

岩手県遠野市に 150 年の歴史を持つ銘菓「胡桃糖」(いまは「明がらす」) がある。クルミとゴマの風味の香ばしさが広がる食感である。鉄鍋で、砂糖と水飴を煮詰めた後胡桃を加える。この生地に米粉、小麦粉などと合わせて、煎った胡麻を加えて練り上げた銘菓はクルミとゴマの風味が口の中に広がり、餅のような滑らかな舌ざわりは独特である。

けしのみ ［芥子の実］

ケシ科の一年草であるケシの実を乾燥させ煎った製品。

地中海沿岸が原産地で室町時代の日明貿易によって伝えられた。種子は食用のほか、油を搾ったこともあるが、今は芥子の花の子房からアヘンを取ることができることから栽培されていない。種子を

けしのみ

煎ると香ばしい香りがあり、あんパンやケーキの上に少量を振りかけたり、七味唐辛子の薬味などに利用されている。現在はケシの利用は少なく、珍味として少量しか使われていない。

こおりこんにゃく［凍り蒟蒻］

サトイモ科の多年草でコンニャクイモを凍らせて水分を抜いて乾燥させた製品。

コンニャクイモは火山灰土を含んだアルカリ性の土地で育つ。コンニャクイモの生産量が一番多いのは群馬県下仁田地方であるがコンニャクについては後述する。コンニャクの原料となるコンニャクイモは東南アジア原産で中国を経て日本の丹波（京都府、兵庫丹波）に伝来したといわれている。丹波からもたらされた凍りコンニャクの製法は江戸中期に常陸の国の中島藤右衛門が製粉法を発明し、水戸藩で財政上の事情から奨励され、全国に広まった。

大坂乾物問屋の資料によると、凍りトウフより100年ほど早く取り引きが始まっていたという。

現在、凍りトウフは精進料理などで有名であるが、凍りコンニャクは茨城県郊外の常陸太田市天下野町での生産に限られる。いまは生産者の高齢化もあり、作っている農家は数軒しかない。ほかの地方ではほとんど生産されていない幻の食品である。

江戸時代には農閑期の副業として盛んに作られていたという。現在も主な生産地は茨城県の山間地で、いずれも農閑期である真冬に製造されている。戦後厳冬期の作業の困難さから生産者はいなくなったが、伝統文化を守るべく、現在製造が再開されている。

製造方法

①コンニャクイモを薄く切り、石灰水に浸ける。

②田畑に藁を敷き詰め、約3㎜の厚さでハガキ大に切ったコンニャクを並べ、水をかける。

③コンニャクは夜から朝方にかけて凍る。その後、直射日光をあてて
　ゆっくり解凍させて、水をかける。

④この作業を約20回繰り返すうちにコンニャクの水分が抜け、スポ
　ンジ状になる。色も灰色から白色に変化してくる。

⑤仕上げにしっかり乾燥させ、保存する。

栄養と保存　カロリーはゼロで繊維質が多くカルシウムを多く含む加
工食品で、水にぬらさずに保存すれば何年でも食べられる。利用すると
きには前もって水に浸けて、柔らかくなったら石灰分が出るようによく
もみだし、水を絞っておく。醤油、砂糖、みりんなどで味付けしたり、
てんぷら、フライ、お吸い物の具など、コンニャクと同じ要領で調理す
る。

　最近は洗顔用のスポンジとしても市販されており、コンニャクの主成
分であるマンナンの作用が美肌効果にもたらすという。

こおりとうふ［凍り豆腐］

　豆腐を凍結、熟成、解凍、場合によっ
ては膨軟加工して乾燥した製品。

　凍り豆腐は、いまから1200年前、最
澄が中国から持ち帰ったといわれてい
る。凍り豆腐の由来には様々な説があ
る。鎌倉時代、高野山（和歌山県）の高
僧が精進料理として食べていた豆腐が冬

こおりとうふ

の厳しい寒さで凍ってしまい、翌朝それを解かして食べたところ美味し
かったことから作られるようになったという。高野山にちなんで関西方
では「高野豆腐」と呼ばれるようになった。また、冬場の食材として作

られた「一夜凍り」を吊るして自然に乾燥させる作り方が室町時代、安土桃山時代の頃に定着し、保存食になったという説もある。

長野県東北部では凍ることを意味する「凍みる」という方言から「凍み豆腐」と呼ばれている。武田信玄が信州佐久地方で農家に作らせ、兵糧食として広めたとも言われている。江戸時代になってからは飛騨（岐阜県）、信州（長野県）、東北地方を経て松前（北海道）に至る東日本各地でも作られるようになった。現在は主に長野県の生産が多い。

地域によっては呼び方は、高野豆腐、凍み豆腐、凍り豆腐、ちはや豆腐、連豆腐、一夜凍り豆腐、と呼ばれているが基本的には同じものである。日本農林規格（JAS）では「凍り豆腐」と表示されている。

製造方法　現在、市場に出回まわっている「凍り豆腐」は次のような人工冷凍法で作られている。

①原料となる大豆を水に浸けてすりつぶし、煮てからおからを分離して豆乳を作る。

②豆乳ににがりを入れて箱の中で固める。この豆腐は一般的に市販されている豆腐よりやや硬めに作る。

③切断して急速冷凍してから熟成する。

④解凍後脱水してから温風で乾燥する。

明治末期に工業化されて以降、より柔らかい凍り豆腐に仕上げるために、様々な製法が開発されてきた。1925年に開発された、デンプンを配合し柔らかにする製法はいまも活かされている。また、アンモニアガス加工法なども開発されたが、臭いが強いため後に開発された重炭酸ナトリウム（重曹）を加える膨軟化加工法にとってかわった。これらの発明の多くは現・みすず豆腐、旭松豆腐など長野県の企業によって開発・改良され、現在は長野県で全国の80％超製造されている。

福島立子山の凍み豆腐

福島市郊外の立子山の冬は寒さが大変厳しく、冬の農閑期の収入源として、凍り豆腐の生産が始まったといわれている。

最盛期には 60 軒ほどの農家が製造したが、現在は 7 軒ほどと少なく、観光用のお土産として販売したり、ネット販売が主である。豆腐を水切りして薄く切り、氷点下の夜に凍らせて稲わらで結び軒下に吊るす。吾妻連峰からの季節風で乾燥させて作っている。すべてが天然凍結、天然乾燥で作られるため、機械で乾燥凍結したものより、味と風味がよく、なめらかな舌ざわりのため人気があるが量産ができないので、生産量はわずかである。

岩出山凍み豆腐

宮城県大崎市岩出山産の「ミヤギシロメ大豆」を使った凍み豆腐が特徴で、膨軟剤を使わず 1840 年頃の製法そのままで製造しており、弾力のある食感が特徴である。軒下で乾燥している風景は冬の風物詩、大変美しい光景である。

栄養と機能性成分　タンパク質を 50%、脂質を 30%含んでいる。カルシウム、鉄、亜鉛、マンガンなどミネラルが豊富。ビタミン D を含む干し椎茸と一緒に摂取すると、カルシウムの吸収をよくする。大豆タンパク質のレシチンによるコレステロール低下作用や、プチペイドによる血圧制御作用に注目が集まっている。また、脂質が多く不飽和脂肪酸のリノール酸が動脈硬化を予防するといわれている。

品質と保存　褐色に変色したものは避けること。脂質が多いので、陳列中に高温や強い光線に長時間さらされると脂肪酸が酸化してしまうので陳列環境に注意したい。保存は常温でする。凍り豆腐は腐りにくいので湿気に注意。賞味期間は半年くらいで、酸化を防ぐためには、日の当たらない涼しいところで密閉保存する。凍り豆腐を良く見ると無数の穴が開いているのがわかる。穴によって表面積が広がっているぶん、空気

中の臭いが付着しやすいため、臭いの強いものとは一緒に保存しない。

　使い方は簡単で、水に数分間浸ければ戻るのでだし汁で味付けした含め煮、肉の代わりに唐揚げ風、フライ、巻き寿司、フレンチ風トーストなど汎用性が多い。

こーんすたーち ［コーンスターチ］

　トウモロコシを乾燥したデンプン。

　原料はトウモロコシで、現在はアメリカ、南アフリカ、中国からで70％以上を輸入している。トウモロコシはデットコーン、ワキシコーン種などが使われている。

　乾燥したトウモロコシの穀粒を亜硫酸液に数時間浸けて柔らかくしてから、荒く砕いて胚芽分離機にかけてデンプン質、タンパク質、繊維質の混合物と胚芽とに分ける。混合物をさらに砕き篩にかけて繊維質を取り除いたのち遠心分離機でデンプンとタンパク質に分ける。浸水後に脱水乾燥する。デンプンの中でも粒子が小さいため、工業用の糊としてダンボール、紙製品の接着剤、医療用ゴム手袋のパウダーなどに利用される。

　馬鈴薯デンプンと違い温度が下がっても粘土が保たれることから、プリンやクッキー、バームクーヘン、チーズケーキなど洋菓子から中華料理のトロ味、ソーセージ、水産加工練り製品など幅広く利用されている。

こなさんしょう ［粉山椒］

　ミカン科の落葉低木であるサンショウの果実を乾燥して粉末にした製品。

　新緑の頃山椒の葉は緑鮮やかになり、和食の焼き物、煮物、特に筍に添えられる。未熟な果実は佃煮にして、チリメンジャコと混ぜたり、くぎ煮など季節をいろどるツマにする。

　生態　日本全国で栽培されており、朝鮮半島にも分布している。「椒」の字は「芳ばしい」を意味することから、山の香り高い実といういうことで「山椒」と名づけられたという。

　▶**ぶどう山椒粉**　和歌山県は日本一の山椒の生産地で、全国の生産量の70％を占めている。有田川町は江戸時代の天保年間（1830〜1844年）に自生していたものの栽培に成功した。山椒は浅根性植物で、排水の良い乾燥した土地を好み、西日が当たらず、日照時間が短い中山間地の傾斜地が適している。中でも標高500ｍ〜600ｍの高地である遠井地区を中心に栽培が盛んになり、その品種は「ぶどう山椒」という。山椒の実の粒がぶどうのように房状に成り、粒が大きく、香りや味もしっかりしている。

　山椒には舌がピリリとしびれる効能がある。これは山椒に含まれるサショオールという成分が神経に作用しているからである。人体には無害で大脳を刺激して内臓器官の働きを活発にする効果があり、塩分、糖分の吸収を控えめにするスパイスの働きが大である。兵庫県の「朝倉山椒」はトゲがないので収穫しやすいが、「ぶどう山椒」は朝倉山椒と違い、葉や茎にトゲがあり、収穫に手間がかかる。

　▶**飛騨山椒**　日本各地に自生している山椒は「木の芽」とも呼ばれ、七味唐辛子の原料となる。飛騨山椒が栽培される奥飛騨温泉郷は、北アルプスに抱かれた標高800ｍに位置する。山椒は香り高く柑橘系のさわやかな香りがする。粉山椒は7月下旬〜8月にかけて収穫し山椒の実を陰干しして、その後天日干しを行なう。杵と臼でつくられた専用の道具を使い、皮と種に分離して粉山椒を作る。山椒の皮は7分搗きで荒目に

仕上がるようにする。夏物は緑が強く香りがよい。秋の山椒は赤くなるが香りは弱い。

▶**朝倉山椒**　但馬の朝倉山椒は日本の香料の絶品として好まれ、八鹿朝倉村の豪農朝倉氏の名前がつき、トゲのない山椒として知られている。原産地は養父市八鹿町朝倉。『山城地方史』によると、「但馬朝倉より産出する山椒を佳しとなしこれを京都富小路にて売る」とある。江戸時代中期（1730年頃）、朝倉村今滝より、出石藩江戸屋敷に献上したとされている。木にトゲがなく、雌雄異株のうち雌木になる山椒の実は大粒で、山椒特有の渋みが少なく、まろやかな味と香りが好まれている。

利用方法　ウナギの蒲焼の臭み消し、七味唐辛子の原料などの香辛料として利用されている。

こなわさび ［粉山葵］

アブラナ科ワサビ属の多年草である日本ワサビ、西洋ワサビの根茎を乾燥した製品。

日本特産のワサビの根を乾燥して粉末にしたもので、主な産地は静岡県、長野県、東京都（奥多摩）などである。室町時代から江戸時代に普及し、寿司、蕎麦の薬味として広まった。日本ワサビは価格的にも高価で量産ができないため、今は西洋ワサビの加工品を用いる。

西洋ワサビはワサビダイコンとも呼ばれ、英語名はホーズラデッシュである。生のものをすりおろして食べる。一般的な「本わさび」と呼ばれるワサビとは異なる。ワサビは日本独特の香辛料で、冷涼な気候を好み全国各地の山間部に自生したり、渓流、石垣、ワサビ田で栽培されているが、西洋ワサビは日本では主に北海道で生産されている。中国、カナダからの輸入が多い。チューブ入りの市販されている練りワサビは、

西洋ワサビの粉末を練ったものや、クロロフィル、デンプン、西洋カラシなどを混合したものが多い。練りワサビよりは水で溶いた粉ワサビの方が風味、味もまさる。粉末は白いので添加物や色素紅花、くちなし、で緑色に着色している。

栄養と機能性成分　セイヨウワサビの辛味の成分はアリルイソシチアネート、スルフィニルでマスタードと同じ辛味の成分である。抗菌作用があり、生魚や食中毒、寄生虫の外から守る効果や活性化酸素を抑制する効果から肌の老化防止などがある。

保存方法　家庭用は缶入りで市販されているが、業務用は袋に入っているため、湿気のないところに密閉して保存する。

ごま ［胡麻］

　ゴマ科ゴマ属の一年草であるゴマの種子を乾燥した製品。

　「ごま化す」は、どんな食品でも「胡麻」で調理すれば美味しく化ける、という意味で作られた言葉だといわれている。どんな青菜でも山菜でも、ゴマで和えれば美味しくなる。ゴマは脇役として

ごまの種子

利用されることが多く、精進料理は油を取るタンパク源として多く利用されている。

　名称　ゴマの原産地はアフリカ大陸。栽培は紀元前、インドが発祥の地である。中国に渡り平安初期に日本に伝えらえたという。名前の由来はわからないが中国では西域を「胡」と呼んでいた。その西域に生育するアサに似た植物として、「胡麻」と名付けられたといわれている。

日本では「うごま」と呼ばれていたが、これは「ごま」の音がなまったものともいわれている。昔は常陸（今の茨城県）が主産地であったが、鹿児島県、沖縄県などでも生産されている。現在はほぼ99％は輸入品で、輸入先は中国、インド、ミャンマー、エチオピア、アフリ

ごまの中種

カなどである。近年韓国、中国の需要が多く市場の相場を左右している。

生態　草丈は約1.5m以上にもなり薄紫やピンクの可憐な花をつけたのち、実の中に多数の種が形成される。5月頃に種を蒔き、9月頃収穫する。広い耕地は必要なく、手間もあまりかからず栽培できるが、ゴマのさやは完熟するとハジけてしまうため、こまめに見て回り草丈の下から順に熟するので葉が黄色くなり始めたら収穫期である。収穫、乾燥、選別など人の手でないとできない作業のため手間がかかる。関東地方ではキンゴマがよく栽培されている。一般的には外皮の色から白、黒、黄（金）、茶ゴマに分けられている。

種類と用途

▶**洗いゴマ**　収穫したゴマから雑物を唐箕などで選別分離したのち水で洗い乾燥する。

▶**煎りゴマ**　洗いゴマを煎った製品。

▶**摺りゴマ**　煎りゴマを摺りつぶした製品。

▶**練りゴマ**　（当たりゴマ）煎りゴマをペースト状にすりつぶした製品。

▶**むきゴマ**　生のゴマの外皮をむいた製品。外皮があると消化されにくいので、剥くことで栄養分の摂取がしやすくなる。

▶**切りゴマ**　煎りゴマを刻んだ製品。

　味の特徴としては、白ゴマはほのかな甘みがある。黒ゴマは香りが強くコクがある。金ゴマは香り良く、味が濃厚である。すり鉢ですったりしながら調理しゴマの白和え、ゴマのドレッシング、ゴマ豆腐、シャブシャブのゴマだれ、など汎用性があり精進料理には欠かせない。また、和菓子の色添え、あんパンの飾り、みりん干し、岩手のゴマ煎餅、工業的には絞ってゴマ油、小豆島手延べ素麺の油返し、などがある。

　栄養と機能性成分　ゴマは栄養価の高い食品として知られ、生薬、漢方などに使われていた。ゴマの脂肪はコレステロール低下作用のあるとされているリノール酸、オレイン酸を多く含み、豊富なミネラル、セサミン、ビタミンＥなどの抗酸化物質が含まれているので、肝臓機能の強化や老化、ガンの抑制など多くの効果があるといわれている。黒ゴマの表皮部分にはタンニン系ポリフェノール色素が多く含まれている。そのほかカルシウム、マグンシウム、鉄、亜鉛、葉酸なども含まれている。

　なお、胡麻アレルギーがあるので、２〜３歳児には注意したい。

　保存と利用方法　摺りゴマ、練りゴマ、切りゴマなど加工すると酸化が早くなるので注意する。練りゴマで長期保存したときに油分が分離して上面にたまるが、混合して使用する。

　保存はペットボトルなどの密閉容器に入れておくか、市販されているゴマをフライパンに薄く並ぶ程度に入れて、弱火で煎るとよい。２〜３粒跳ねたら香りが出た目安とされている。

　関東では黒ゴマが好まれ、関西、中四国、九州では白ゴマが好まれる。

　黒ゴマの色落ちは、天然植物水溶性から色落ちするのであって着色からでないので赤飯の湯気からであるので、少し冷えてからゴマを振る。

　ゴマは実が入ると自然にはじけるので、童話「アリババと40人の盗賊」の「開け胡麻」（オープンセサミ）はここからか。

こめのこな ［米の粉］

イネ科の一年草であるイネの種子を脱穀、精米し粉砕した製品。

米は粒のまま主食として食べるが、粉砕して加工用として用いる米の粉の用途は多彩である。

米の粉の加工は日本人の知恵の結晶である。

生米を水に浸けてふやかし、杵でついて粉砕して丸めたものを「しとぎ」と呼んでいた。

平安時代には「神前に供える餅の古名」であったといわれている。諸外国ではしとぎは主食とされたが、日本では奈良時代に唐から米粉を利用した様々な唐菓子が伝来されたのが初まりで、菓子として発展していった。干し米を油で炒り麦や米の粉を練って油で揚げて、くだものや木の実を模したものであった。平安時代からさらに発展して色も形も多彩になり「粽」「草餅」「柏餅」など和菓子のルーツが登場するようになった。

鎌倉・室町時代には中国から仏教（禅宗）とともに食にまつわる文化が伝来した。軽食、喫茶の習慣が伝わるのと同時に、点心や茶菓子としてまんじゅうや羊羹も伝えられた。

農業の発達によって米の収穫量が増えるとともに、中国、琉球から輸入された砂糖を用いて甘い米粉菓子が増えていった。応仁の乱の後、中国の食習慣や食品が庶民の間に広がることによって、桃の節句に草餅、端午の節句にちまきなど、年中行事の際に米の粉料理が作られるようになった。

安土・桃山時代になると、武家、公家、庶民の食生活の融合が進み、茶を飲んで菓子を食べる習慣が広まっていった。南蛮菓子、カステラな

どが伝来したのもこの頃であった。このような変遷を経て、江戸時代には茶の湯で用いる「上菓子」が京都や江戸で作られるようになり、米粉を使った和菓子作りが発展していったのである。いまの和菓子材料の米の粉の製法も、江戸時代にでそろった。

生態 イネは最も古い作物の一つであり、日本列島の北から南まで広く栽培されているが、主食だけに味、香り、うま味など大変多くのこだわりがある食材である。縄文時代から栽培が始まり、以後様々な品種改良が行われてきた。夏季に水と適度な温度を得ることができる日本列島は、水田稲作に向いている。田植えが5月初旬に行われ、稲刈りが9月中旬から10月上旬に北海道や東北から始まり、南の地方にいくにつれて遅くなっていく。

農林水産省による食糧自給率アップ推進運動の影響で、近年、米の粉を乾麺、生麺や小麦の二次加工品に使ったパンやケーキなどが普及して、米の粉の需要が高まってきている。

加工と用途 米の粉の加工方法は大きく分けて二つある。生の米を製粉する方法と、熱を加えてアルファー化してから製粉する方法がある。また粘り気が少なく、そのまま主食として食べられる粳米と粘りが強く餅に加工される糯米があり、粉の用途によって使い分けられる。

生育方法でも性質は変わり、畑で栽培される陸稲は水田で栽培される水稲よりも粘りが強くなるので、糯米作りに利用されている。

主な種類

▶ **上新粉** 粳米を精米し、水洗いしてから製粉した製品。

米の粒子は細かく硬いので製粉する前に水を吸わせてから製粉作業をする方法と、水洗いして乾燥して製粉する方法がある。普通は水分が多いと変質しやすいため、再度乾燥してから販売する。ふるいにかけて、粒子が細かく硬い品は「上用粉」、粒子の大きい品を「新粉」、さらに粒

の大きい品を「並新粉」と呼ぶ。用途は「だんご」「ういろう」「かるかん」「草餅」「やせうま」（2月15日のお釈迦様の行事、涅槃会の日に作る）など様々な和菓子などに使われる。

▶**白玉粉**　糯米を製粉した製品。

糯米を精白し水を吸収させ、ふやけたところを摺りつぶして水に晒し、圧縮脱水する。この段階で大きな固まりになるので、細かく削り、乾燥機で温風乾燥させる。原料の糯米の質や精白度により品質は左右される。精白度が高いほど外皮の成分が混じらず、デンプンの比率が多く仕上がるため上質とされる。茹で上げると柔らかさと弾力があり、冷やしても硬くならないのが特徴。和菓子の食材として多く使われ、家庭では「白玉団子」「ぎゅうひ」「おしるこ」「茹であずき団子」「ひめまめ」など利用範囲は広い。デンプンを加えたり寒中に晒した寒晒しなどもある。

▶**餅粉**　糯米を上新粉と同じく製粉した製品。

餅を搗くときに表面にふりかけて、延ばすときに手や道具に付かないように打ち粉として使う。白玉粉との製造過程との違いは、水浸け、晒しの工程がないので白玉粉より安く製造することが可能な点である。白玉粉より低コストの品などに使われ、大福、金つば、桜餅などに利用される。

▶**団子粉**　上新粉に餅粉、デンプンを配合し、簡単に団子ができるように考えた製品、家庭用団子がある。「柏餅」などに利用する。

▶**道明寺粉**　糯米を蒸してから乾燥させ、粉砕してふるいにかけて粒の大きさを揃えたもの。大阪府南河内郡にある真言宗の尼寺、道明寺で仏前に供えた餅を貧民に施したのが広く知れわたり、寺の名前から道明寺粉と呼ばれるようになったといわれている。原料は糯米で、桜餅、椿餅、お萩、みぞれかん、京菓子の原料に多く使われている「糒ほしい」とも呼ばれている。

▶**新引粉** 糯米を蒸して乾燥のうえ砕いて砂煎りし、少々焦がして狐色にした製品。粒の大小によって、どのような和菓子の材料になるか決まってくる。「真引粉」とも書く。

▶**味甚粉** 糯米を蒸して作った餅を煎るなどしてアルファー化して粉にした製品。「焼き味甚粉」「煎り味甚粉」「落雁粉」と呼ぶ地方もある。

▶**寒梅粉** 味甚粉と同じ製法だが、餅を厚焼きにしたものを粉末にしている。寒梅の咲くころに新米を粉にしたことからこの名がついた。

米の粉の種類と主な製品

生粉製品（お米をそのまま粉にしたもの）

糯米　ベータ型

白玉粉	精白し水に浸けた後、水挽きし沈殿させたものを乾燥させたもの	餅団子 求肥（ぎゅうひ） 白玉しるこ 大福もち
糯粉	製粉してから乾燥させたもの	大福もち しるこ もち団子 最中

糊化製品（お米を加熱してから粉にしたもの）

糯米　アルファー型

寒梅粉	蒸して搗いて焼いたもの製粉したもの	押菓子 豆菓子 生菓子 糊用
みじん粉	蒸して乾燥させたものを粉砕したもの	和菓子 打ち菓子
落雁粉	蒸して乾燥させ砕いて焙煎したもの	落雁
道明寺粉	蒸したものを乾燥したもの	おはぎ 桜餅 つばき餅

上南粉	蒸して乾燥し細かく挽いて粉にしてから煎ったもの	こなし 打ち菓子
粳米　ベータ型		
上新粉 上用粉	精白し、水に浸けて粉砕し乾燥させたもの	だんご 柏餅 草餅 ういろう かるかん饅頭

（川光商事（株）／全国穀類工業組合ＨＰ）

白玉粉で手作りおやつ

①白玉粉 200g に水約 190cc（カップ１杯弱）を少しずつ加えて、耳たぶ位の柔らかさになるように良くこねる。

②こねた白玉を適当な大きさにまるめ、沸騰したお湯の中に入れ浮き上がるまで茹でる。

③浮き上がって１〜２分たったものから順にすくいあげて冷水に入れる。

④冷水からすくいあげ、よく水気をきったら完成。黄粉やあんなどと、美味しく食べましょう。

⑤もちもちの白玉にあんことアイスをそえて、もちもち＋ひんやり感を楽しもう。あんみつ、ぜんざい、スイーツ、ケーキなど、何でもできます。

さくらのは ［桜の葉］

　バラ科の落葉高木、または低木であるサクラの葉を乾燥した製品。

　桃の節句（ひな祭り、３月３日）に作られる桜餅の材料として欠かせない。静岡県伊豆地方松崎を中心に生産されている。桜餅は江戸時代から庶民の間で親しまれてきたが、桃の節句のときに添えられるようになったのは最近である。

生態　どの桜でも食用にすることはできるが、伊豆半島や伊豆諸島に自生する大島桜という品種の桜の葉が大きいため、食用に使用されることが多い。3〜4月にかけて、白色の花を咲かせるのと同時に若葉が茂る。

製造と利用方法　サクラの葉は5〜9月にかけて摘み取られ、乾燥後は杉の樽に塩漬けされる。杉の樽を使うことによって、あくが吸い取られ、きれいなべっこう色に仕上がる。桜の葉の香りの主成分はクマリンである。クマリンは生の桜の葉が糖と結合し、塩水に浸かって加水分解されることでうまれる。また杉の樽に生育している微生物なども影響を与え、独特の風味がうまれる。近年桜の葉の乾燥物はあまり市場には出回っていない。

桜の葉は食べますか？

　東京・墨田公園にある長命寺の桜餅は有名。長命寺の桜餅は、江戸時代（享保2年）創業の老舗で売り始めた。桜の葉3枚で包んでいる。桜の葉は香りづけと乾燥を防ぐためにつけているもので、葉は食べられますが、外して食べるのがお勧めです。

ささげ ［豇豆・大角豆］

　マメ科の一年草であるササゲ（「ささぎ」ともいう）の種子を乾燥した製品。

　原産地はアフリカ。日本にはインド、中国を経て伝わり9世紀には栽培されている。現在日本では全国で栽培されているが、主な産地は岡山県、埼玉県、新潟県などである。品種の改良はほとんど行なわれず、地方によって呼び名が違う、在来種が多い。一般的には赤紫であるが黒色

のササゲもある。

生態　形状はアズキに似ており、表皮は硬くシワがある。大型からアズキと同様なものまである。マメ科ササゲ属で、アズキとササゲに分類される。いずれも害虫に弱く生産、消費も少ない。

ささげ

年間売れているが業務用が多く、家庭用としての用途は赤飯用がほとんどである。

アズキとよく似ているので見分け方は、目（へそ）と言われている部分がアズキは白一色だが、ササゲは目（ヘソ）は白だが周りに黒の輪模様があり、やや楕円形である。

主な種類

▶**だるまささげ**　豆の横から見るとだるまの横顔に似ており、あごがシャクレていることからこの名がついた。岡山県の備中だるまささげが有名。

▶**黒ささげ**　秋田県などで作られている品種で、秋田地方の方言で黒ささげを「てんこ小豆」と呼んでいる。名前の由来は明確ではないが、「でんこ小豆」は漢字で「天甲小豆」と書き莢が天に向かって伸び、莢が強固である様子からこの名がついたのではと推測される。「ささげ」の名は莢が供物を捧げるように上を向いているという説もある。沖縄県でも作られているほかタイなどから輸入もされている。

北海道などで仏事用黒飯用に少量だが栽培されている。

▶**十六ささげ**　長さが十六尺にもなるということからこの名がついたが、約20〜30cmぐらいの長さで一つの莢から10粒くらいの豆が収穫できる。赤飯用だが若い莢は炒めても食べられる。

ささのは ［笹の葉］

　イネ科の笹の葉を煮沸してから乾燥した製品。

　7月7日の七夕になると笹の葉で笹粽〔ささちまき〕を作る家庭がある。笹は季節を感じさせる食材の一つである。笹粽は関東では主に三角粽、関西では棒粽を作る。糯米を笹の葉に入れて三角錐の筒状にして蒸したものである。スゲを煮沸して乾燥したものを紐にして結んで閉じる。笹の葉は

ささの葉

保存性を高めるとともに、柔らかさと香りの良さを楽しむことができる。

　名称　イネ科のタケのうち、小型なものを総称してササと呼ぶ。6～7月の頃の新葉を使用する。昔は乾燥した笹の葉を湯通しして使っていたが、近年は煮沸したのみの状態で真空パックにしたものが市販されている。

　一般的にはササの中でも熊ササを使用している。おもな産地は北海道、新潟県、群馬県、長野県で、雪国に多く分布している。防腐作用があるため、むかしから饅頭、水大福、笹団子、葛餅、粽など夏の冷菓の包装や、包みに利用されている。良く水洗いして使用する。笹の葉自体は食べられないがラップして包み冷凍庫で笹団子など保存ができる。

笹飴
　新潟県上越市の高橋孫左衛門謹製の水飴は、糯米と国産大麦の麦芽と水のみで作られた甘みがあるひょうたん型の水飴である。折りたたまれた

熊笹を開くと飴の優しい甘みと熊笹の香りが口中に広がる。

粽－五月五日が端午の節句

「粽」と書かれると同時に「茅巻き」と称される。文字どおりチガヤで巻いた餅のことで中国から伝わった。粽は悪鬼をかたどったものであるという説がある。粽を切って食べることで悪鬼を退治するという意味があるといわれている。京都の祇園祭には厄除けの縁起物として粽が配布されたという。

さつまいもでんぷん ［薩摩芋澱粉］

ヒルガオ科のサツマイモのデンプンを乾燥した製品。

原産地はメキシコを中心とする中央アメリカとされている。日本でサツマイモの栽培が始まったのは、1597年に宮古島に伝来してから、その後いくつかの経路で伝来し、1700年代には九州地方に中心に栽培された。

その後、青木昆陽らによって全国に広められた。1836年（天保7）には、千葉県でサツマイモの栽培が始まり、デンプンの製造も始まったといわれている。そののち九州などで盛んになり、輸出もされるようになった。

現在は日本におけるデンプン生産量は全需要の2％にも満たない。加熱すると麦芽糖を形成するため、80％が水飴などに加工され、糖化原料として利用されている。また、春雨や韓国冷麺に練り込まれるなどの需要も多い。明治後期から機械化が進み、1956年（昭和31）頃から全国に甘藷澱粉工場が操業し、コンスターチと併用して糖化原料として盛んに生産が始まった。

製造方法 サツマイモをすりつぶしてデンプンを沈殿させて水洗いし

乾燥する。原料はトウモロコシのように貯蔵ができないため収穫後磨砕処理される。そのため製造期間は原料の収穫から2〜3カ月間と短い。

用途　ほとんどが糖化用として利用されているが、一部は「葛粉」の代替品として、葛切り、わらび餅、ゴマ豆腐に使われる。ほかの一般的なデンプンにない食感があり、安いタピオカ加工デンプンとの競合はあるが甘藷澱粉はソフトな弾力と歯切れが良く、お菓子、揚げ物に使用するとサクサク感があり、スナック菓子や煎餅などにも利用されている。鹿児島名産の「さつま揚げ」の水産練製品にも使われている。

じゃがいもでんぷん［じゃが芋澱粉］

馬鈴薯から取ったデンプンの乾燥粉末製品。馬鈴薯澱粉ともいう。

　一般的に家庭用は片栗粉の名で販売されている。ジャガイモからデンプンを取るようになったのは、1833年（天保4）群馬県嬬恋村で製造されたのが最初である。そのころから、「加多久利」と呼ばれていたという。1870年（明治3）に千葉県蘇我で十左衛門が製造し、「片栗粉」と呼ばれるようになった。ジャガイモは1600年頃オランダ人がジャカルタから持ってきたからその名がついた。明治時代から北海道産の安価な品が大量に出回るようになると、カタクリの根からとったデンプンは姿を消し、戦後は北海道の斜里町や士幌町の大規模工場で生産されるようになった。

用途　数多くの農産物から採るデンプンが存在するが、中でも馬鈴薯澱粉は多岐にわたり使用されている。ジャガイモデンプンは熱を加えると粘り気がでる特徴があり、他のデンプンより粘りと透明度などが強く、料理の仕上げにとろみをつけたり、具材同士をまとめるのに役だつ。保水性からゼリー状のプルプル感、和菓子の原料、春雨、麺類、パ

ン、水産加工の原料、清涼飲料、医療用ブドウ糖（酵素分解）、可食容器、オブラート、薬カプセル、糊の原料などに利用されている。

主な種類

▶**分級片栗粉**　ジャガイモのすりおろしを150℃の熱風で1時間程かけて一気に製品化したもの。大粒の粒子でそろえているため糊化が早く、粘性が強い。

▶**未粉つぶ片栗粉**　数時間かけてデンプンを自然に沈殿させて、70℃以下の低温で10時間かけて乾燥させた製品。ゆっくりと乾燥させることによってデンプンの粒子がこわれないため、粘性が高くとろみが安定しているのが特徴である。唐揚げの衣に利用するとカラッと揚がるように品質改良された製品も多く出回っている。

デンプンのいろいろ

タピオカデンプン　トウダイグサ科のキャッサバの根茎から作ったデンプンで、熱帯圏の東南アジアで栽培されており、デザートに使われている。プチプチした透明な粒。

サイゴデンプン　ヤシ科の植物から採ったデンプンで、うどん屋で見かける白い粉でうどん同士がくっつかないように振られている。

バレイショデンプン　じゃが芋の茎から採ったデンプンでオランダ人がジャカルタから持ってきた。ジャガイモと形が馬の首につける鈴に似ていることから馬鈴薯となった。

コーンスターチデンプン　トウモロコシから採ったデンプンで、ワキシコーンはモチモチした食感があり、プリン、餃子などの凝固剤として使われている。

小麦デンプン　米、トウモロコシと並んで世界三大穀物から採ったデンプンで、別名「浮き粉」とも呼ばれている。かまぼこ、ぐるてん、麺やお麩、パン、ういろうなどに使われている。

　甘藷デンプン　薩摩芋から採ったデンプンで唐芋、琉球芋とも呼ばれている。

　米デンプン　糯米から採れるデンプンで白玉粉や大福、団子などの和菓子に使われている。

　アルファー化デンプン　デンプンに水を加えて加熱すると、透明または半透明で粘度のある糊の状態に変化する。糊の状態のデンプンを、す早く乾燥して粉砕したもの。パンやケーキミックスに使われしっとりした食感と形をよりよく保つために使われる。

　加工デンプン　熱をかけて混ぜていると粘りがなくなってきたり、冷蔵や冷凍で硬くなったりするのでそんな欠点をカバーする。加工デンプンのうち化学的処理されたものは食品添加物として扱う。加工乾物では酸化デンプン、酢酸デンプン、ヒドロキシフロピルデンプンなどが麺類やパンなどに使われている。

　デキストリン　ぶどう糖が数個集まったものから、デンプンよりも少ない数まで集まったものをデキストリンという。酸や熱、酵素を使ってデンプンを分解することで、ブドウ糖の数を調整することができる。できたデキストリンの性質の違いで甘さや水の溶けたり溶けなかったりサラサラ、粘り、トロミ、タレの具材、つややかな照り、おかきやみりん干しなどの乾物に利用される。粉末スープ、調味料、スポーツ飲料など幅広く利用されている。

そば［蕎麦］

　タデ科の一年草であるソバの実を乾燥して粉砕した後、麺に加工した製品。

　ソバの原産地はネパール。中国雲南省、朝鮮半島を経て日本に伝来したという。文献に登場するのは鎌倉時代であるが、奈良時代以前にも

あったと考えられている。穀物の豊作を
願う五穀のひとつに入っていないことか
ら、庶民の食べ物として特に珍重はされ
ていなかったと思われる。庶民の食べ物
としては江戸時代から盛んになった。夜
泣きソバ、振る舞いソバ、門前ソバ、祝
言ソバ、ソバ粉を加工してソバ団子、ソ
バがきなど様々な食べ方がされた。

ソバの実

生態　ソバは一般的には夏ソバと秋ソバがあり、秋ソバの方が生産量
は多い。

　北海道から南は鹿児島県まで、様々な地域で栽培されているが生産量
の多いのは北海道である。種を蒔いてから最短75日で収穫できること
から、開墾地で盛んに作られるようになった。弱アルカリ性の土壌がソ
バの栽培には適している。荒れた開墾地は酸性土壌であるため、焼畑を
行なうことによって灰で中和するなどして土壌管理している。

　日本各地で栽培されているが、山間地で昼夜の温度差があり、朝霧が
多く発生する冷涼な長野県の妙高高原や戸隠高原、開田高原などが有名
な産地である。

　現在は需要の70%以上が輸入されており、中国の内モンゴル、黒竜
江省などが多い。またカナダ、アメリカなどからも輸入されている。中
国の四川省やネパールなどの在
来種と言われているダッタンソ
バは健康食として、またピンク
の花をつけることから観光用と
してに日本でも生産されている
がわずかである。

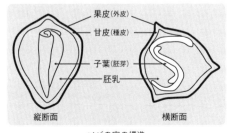

果皮(外皮)
甘皮(種皮)
子葉(胚芽)
胚乳
縦断面　　　横断面
ソバの実の構造

製造方法 原料であるソバの実（玄蕎麦という）を粉砕するには、石臼挽きと機械ロール挽きがある。ソバの実は熱に弱いことから水車挽きや石臼で製粉したほうが香りも良く最高であるが現在の需要に応えるには機械によるロール挽きがほとんどである。

高速製粉機は戦後ドイツのビューラ社から輸入された。ソバの実は雑物を唐箕で選別した後、製粉機で外側から果皮、甘皮、胚乳、子葉を順々に取っていく。芯に近い部分は粒子が軽いので、製粉後ふるいにかけたときに早く落ちる。これを一番粉と呼び、その次が二番粉、さらにその次が三番粉と呼ばれる。

また、玄蕎麦を石臼などで一本挽きにしたものを「挽きぐるみ」といい、ソバの実のすべての層がふくまれていることから、これを製粉したものは「全層粉」とも呼ばれる。甘皮も残っているので、色の黒い、粗い粉もできる。全層粉で打ったソバは風味があり、歯ごたえがよい仕上がりになるため、ぞくに田舎ソバと呼ばれている。

主な種類

▶**更科ソバ** 一番粉を主体に製麺した製品で粉の粒子がきめ細かいため、透明感のある白い色をしている。甘みがあるが香りは弱い。歯ごたえがよい仕上がりになり、風味は繊細で上品である。「御膳ソバ」とも呼ばれる。価格も高く、手打ちのときに打ち粉として使われている。

▶**信州ソバ** 二番粉を主体に製麺した製品。信州戸隠ソバ、信州安曇野ソバ、会津磐梯高原ソバなどの名称で出回っている。味、風味ともによく、色目は中間色である。

▶**藪ソバ** 三番粉を主体に製麺した製品で胚芽、胚乳、甘皮などが入っているので、味、香りともに強くやや色が黒い。藪ソバの名前で江戸っ子には人気があり、濃い返しのソバつゆが合うことから、神田藪、池之端藪、並木藪など、のれん分けしたソバ屋が多い。

▶**茶ソバ**　抹茶を配合し、緑色した製品。宇治茶ソバなどの名前が付けられている。

▶**手打ちソバ**　ソバ粉にはグルテン質がないのでつなぎが大切になる。つなぎの配合比率で味も風味も食感が変わる。特に近年は食感にこだわる人が多くなっている。つなぎには小麦粉が使われているが、ほかに山芋、ヤマゴボウの葉、フノリ、卵白、ヨモギなど使われる。

　乾麺での原料表示は30％以上のソバ粉配合にはソバの表示ができるが原料表示は配合比率の多い順番に記載し、30％以下の場合は原料比率を別途表示しなければならない。JAS規定では40％であるが、その後は全国乾麺連合会による表示基準を適用している。

▶**韃靼ソバ**　韃靼とはモンゴル地域やその周辺をさすタタールという地名の漢字表示である。韃靼ソバの原産地はネパール、中国の雲南省、四川省など標高2000ｍ〜3000ｍの山岳地帯である。昔は「にがそば」と呼ばれて製麺業者には嫌われていたが、中国では漢方薬として使われていた。普通のソバと異なり、花は小さく淡いピンクで自家受粉する。また実は丸みがあり中央に溝がある。実になるまで普通のソバより10日ほど日数がかかる。近年健康食品として人気があるが生産量は少ない。茹でるとルチンの色素が出て、茹で汁が黄色に濁る。

　栄養と機能性成分　ソバにはポリフェノールやルチンが多く含まれるから、毛細血管を強化し動脈硬化の予防になる。タンパク質、カリウム、マグネシウム、ビタミンB_2、ビタミンB_6、リジン、ミネラル、食物繊維も多い。

- ソバは水溶性につき、茹で汁に溶け出すので、ソバ湯を飲むなどの習慣がある。
- ソバは挽き立て、打ち立て、茹で立ての「三立て」が美味しいとされている。

第2章　農産の乾物

- ソバは特に湿気を嫌うので製粉したら、ガラス瓶や密閉容器で保存する。

だいず［大豆］

マメ科の一年草であるダイズの種子を乾燥した製品。

豆類の中でもダイズほど様々な加工品へと変化する食材はめずらしい。ダイズを絞れば白絞油になり、脱脂ダイズは飼料になる。発酵させれば味噌、醤油、納豆になり、煮れば煮豆、炒れば黄粉、発芽させればもやし、搾れば豆乳になる。

また、豆乳から湯葉、豆腐ができる。豆腐を揚げれば油揚げ、がんもどき、さらに乾燥豆乳は飲料、アイスクリームにも利用される。食の世界だけでなく、ダイズのもつ成分から抽出した医薬品も多くある。ダイズはそのままでも栄養豊富でタンパク質、脂質、イソフラボン、サポニン、食物繊維など多く含み「畑の肉」と言われるほどである。

現在はほとんどが海外からの輸入ダイズである。アメリカシカゴ相場での価格の変動も激しく原料の売買は難しい食品である。

縄文遺跡から炭化したダイズが見つかっており、縄文時代あるいは弥生時代には栽培され、食べられていたことがうかがわれる。鎌倉時代になると新仏教の誕生によって肉食が禁じられたため、ダイズはタンパク源として重宝された。また、兵糧食としての需要も高まり、東北地方から西日本地方まで栽培地域が広まった。そののち、味噌や豆腐などの加工食品や湯葉など精進料理が普及したことにより、庶民の生活に深く関わる食材となっている。

日本では、沖縄を除く全国で栽培されている。豆類は交配された品種が多い中、ダイズはその地方の在来種も多い。また、品種によって、粒

の大きさ、色、油脂量など多岐にわたり、利用方法に合わせて栽培され、様々な加工食品が生産されている。

　日本の主産地は北海道であるがダイズの用途、目的に合わせて交配された新品種が契約栽培により、計画的に生産されている。海外ではアメリカ、カナダ、ブラジル、中国などの生産量が多い。

栽培と品種　品種や栽培地域によって栽培時期が異なる。枝豆として食べられる夏型ダイズと秋型に大きく分けられる。夏型ダイズは5月ごろ種を蒔き夏に収穫する。一方、加工される秋型ダイズは6月中旬〜下旬にかけて種を蒔き秋に収穫する。比較的暖かい地域では、夏型ダイズを4月上旬から蒔き始めることも可能である。ほかの豆と同じで輪作をする必要がある。

主な種類

▶**北海道ダイズ鶴の子**　北海道を代表する大豆で、むかしから栽培されている高級ブランドである。「ユウヅル」「早生鶴の子」「白鶴の子」「甘露」などが流通している。大粒で甘みがあるので煮豆に適しており、モチモチとした歯ごたえがある。

▶**トヨマサリ**　大粒で味噌用、煮豆用に適している。

▶**タマフクラ**　丹波黒豆と極大大粒大豆ツルムスメを交配してできた新種。黄大豆の中でも最も大きく濃厚な味と風味がよく煮豆に適している。

▶**スズマル**　納豆用に開発されたダイズで寒さに強くたおれにくい。「十育153号」と本州在来種（納豆小粒）の交配種である。

▶**黄ダイズ**　種皮が黄色の品種。鶴の子ダイズとの交配種は粒が大きくタンパク質の含有量が多い。保水性の高い「トヨハルカ」は味噌に向く。「ゆきぴりか」は豆乳用に向く。「ユキホマレ」など多くの品種がある。

▶**黒ダイズ**　種皮が黒い品種。正月のおせちの煮豆、中でも丹波種が人気がある。光沢の良い北海道の十勝黒、函館黒、青森県の光黒、黒千石など数多く作られている。

黄ダイズ

▶**丹波黒豆**　粒が大きく、種皮が黒い品種。兵庫県丹波篠山盆地で栽培されている。丹波黒豆は、夏の昼夜の温度差がある気候風土と土壌の質により、開花から成熟まで100日もかかるため、種子が養分を蓄積し極大大粒の豆となる。そのため篠山盆地の特産であり、ほかの土地で栽培してもなかなかうまくいかない。12月に収穫を行なう晩生種である。収穫期から販売期（正月需要）が短いため、乾燥が不十分な状態で販売される場合があり、カビが生えやすい。中でも粒の大きい3Lサイズが人気で、「ぶどう豆」「飛び切り」などの表示で販売されているが、収穫量は少ない。

黒千石

丹波黒豆

▶**がんくい豆**　扁平型で中央にしわがある品種。しわが雁のついばんだあとに似ていることからこの名がついた。「平黒豆」とも呼ばれている。岩手県岩手郡玉山村でごく少量栽培されている。現在では丹波黒豆より希少価値がある。黒豆の煮方として、関西風のふっくら柔らかな煮方が急に広がったが、このがんくい豆は歯ごたえのある硬めの煮方をされる豆である。関東では、正月用に「しわ

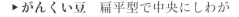

が寄るまでまめに達者で暮らす」と、縁起物として食べるものだから、硬めで歯ごたえがあるほうがよい。

> **ダイズの煮豆の作り方**
> ①豆をよく洗い、豆の量の４〜５倍の水に一晩浸ける。
> ②そのまま中火でアクを取りながらゆっくりと煮る。
> ③指で押しつぶれるくらいになったら、ザラメ砂糖を入れる。
> ④ザラメ砂糖が溶けたら火から降ろして冷ます。
> ⑤再び弱火にかけて、黒砂糖と醤油を加えて３〜４分たったら火を止めて、そのまま一晩おく。

▶**青ダイズ**　種皮の色が緑色の品種。鶯豆と呼ばれ新潟県など雪国では「うぐいす黄粉」、宮城県、岩手県、山形県では「ひたし豆」。山形県鶴岡市城山地区では「だだちゃ豆」として市販されている。

▶**くらかけ豆**　種皮に黒い鉢巻の模様が入っている品種。馬の鞍に似ていることからこの名がついた。「けらかけ」とも呼ばれている。新潟県から長野県で多く栽培されている。北海道でも栽培されているが、粒が小さく浸し豆である。

くらかけ豆

▶**打ち豆**　生豆を石臼や固い金属の上で小槌で叩き扁平型につぶした製品。収穫した大豆をつぶすことで硬い皮がこわれるので、早く調理ができて味付けも簡単にできる。特に北国では秋の収穫が終わりひと息入れるこの時期になると、煮

打ち豆

物として食卓にあがる。刻み昆布と車麩、打ち豆の煮付けが煮物の中では代表的である。

栄養と機能性成分　五大栄養素であるタンパク質、脂質、炭水化物、ビタミン、無機質を豊富に含み、中でもタンパク質は良質。脂質は動脈硬化を防ぐとされるレシチンや肥満効果が期待できる。サポニン、ビタミンB群、カルシウム、鉄、オリゴ糖、食物繊維などを多く含みバランスのよい食材である。

品質の見分け方　①粒がそろっていること。②形がふっくらしていること。③皺がないこと。農産物検査法に定められている品質格付けを満たすこと。百分率（全量に対する重量率）、整粒率、形質、水分率などが定められている。

丹波黒豆の煮豆の作り方

丹波黒豆の一般的な煮豆の作り方を紹介します。

材料　黒豆（乾燥）：600g　　醤油：50㎜　　水：2.5ℓ

　　　砂糖：500g　（好みで加減する）

　　　錆びた釘：10本位（布袋に入れて煮ると豆が黒くつやがでる）

　　　＊黒豆300gの場合は調味料は上記の半分ですが水は1.8ℓです。

煮方　①黒豆を水でよく洗いザルに取る。

　　　②厚手の大鍋に水2.5ℓを入れて強火にかける。沸騰したら調味料を全部入れて（錆び釘も）火を止め、黒豆を入れてそのまま5時間浸けておく。

　　　③この鍋を中火にかけ、沸騰前に火を弱くして泡を取り差し水2分の1カップくらいして、もう一度煮立ててさらに同量の差し水をする。この間泡は全部取ってください。

　　　④落し蓋をし、さらに鍋に蓋をして、吹きこぼれないようごく弱火で5〜6時間位煮立てます（この間途中で蓋を取らないこと）。

煮汁が豆によく含んでから降ろします。煮汁がひたひたくらいに
なるのがよい。もし早く煮詰まったときは水を足して、また煮詰
まりが足りないときはさらに時間をかけて煮る。

⑤そのまま煮汁に浸けたままの状態で一昼夜おいて、充分に味を含
ませる。

第2章　農産の乾物

日本国内で流通する豆の分類図

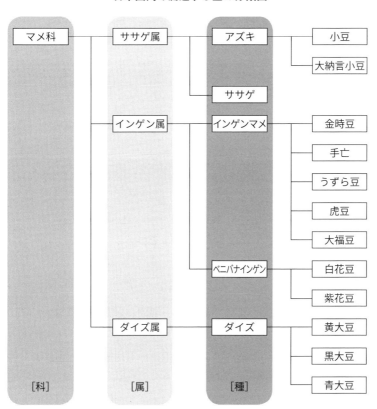

[科]	[属]	[種]	
マメ科	ササゲ属	アズキ	小豆
			大納言小豆
		ササゲ	
	インゲン属	インゲンマメ	金時豆
			手亡
			うずら豆
			虎豆
			大福豆
		ベニバナインゲン	白花豆
			紫花豆
	ダイズ属	ダイズ	黄大豆
			黒大豆
			青大豆

たけのかわ ［竹の皮］

　イネ科タケ亜科の多年生常緑木質植物であるタケの皮を乾燥した製品。竹の皮は保水力、殺菌性にすぐれ、包んだものが腐りにくく、乾燥、変色しにくいことなどから中華粽やおにぎりの保存にうってつけである。

　名称　地下茎から出た若い芽は竹の子として食用にするが、タケの皮は食べ物の包装や笠、ぞうりの表などに利用されている。タケの皮は、葉鞘の発達したもので、成長すると自然に落ちる。タケの中でも大型のモウソウチクの皮が用いられることが多い。そのほか、マダケの皮は平滑で黒い斑紋があり、毛がなく滑らかなものが多いため、包装用に利用されることが多い。モウソウチクの皮は中国からの輸入が多い。

　保存と利用　竹の皮にはフェノール物質の抗菌作用があるが、湿気があるとカビが生てしまう。湿度に注意すれば数年保存利用できる。また電子レンジでそのまま加熱、解凍することもできる。乾燥しすぎても10分位水に浸して水分を適度に与えればやわらかくなる。

たけのこ
　「筍」という字は、竹の下に旬と書く、筍の成長は早く旬は10日、10日過ぎると、竹になってしまうこの短い間が食べごろ、掘りたては、香り良く柔らかだが時が経つとエグくなる。米ぬかをたっぷり加えて茹でながら、アクを抜くことが大切。

たぴおかでんぷん［タピオカ澱粉］

　トウダイグサ科の低木であるキャッサバの根茎から採ったデンプン製品。キャッサバは、古くから中南米で栽培されてきた。また、近年、特にインドネシアで多く栽培されている。菓子の材料や料理のトロ味付けに用いられるほか、つなぎとしても多く用いられる。紙の強度を上げるための薬剤の原料としても重要である。キャッサバは非常に生命力が強く、棒きれのような枝を土に差し込むだけで育つ。切った枝をほうっておいても根が出てくる。一年経てば根のところに約2kgのイモができる。肥料をやれば10kgのイモができるが、全く肥料を与えなくても収穫できる。そのため、イモの価格がキロ7円と激安である。葛粉の代用品やわらび粉のほか、うどん、ケーキ、パンに練り込むなどして利用されている。また、湿らせて小さい球形にして表面を半糊化させたタピオカパールは世界各国でファーストフードとして人気がある。

とうがらし［唐辛子］

　ナス科の一年草であるトウガラシの果実を乾燥させた製品。

　トウガラシはどんな土壌にも適応し栽培が簡単なため、世界中で栽培され香辛料として愛用されている。配合の比率で利用目的が異なる。

　日本では東北地方、北陸地方、東海地方などではナンバンといい、岐阜県、島根県、京都府、九州地方ではコショウ、福島県会津地方ではカラシと呼び名が異なる。東京の浅草寺や長野の善光寺、京都の清水寺など、寺院の門前には唐辛子屋が多くある。これは昔、お参りに行くのにお金がかかり、帰り土産には唐辛子が一番安かったため、という説があ

る。長野県の代表的な観光地である善光寺は「牛に引かれて善光寺参り」という言葉があるように、全国から参拝者が訪れる。中でも門前にある「八幡屋磯五郎商店」の七味唐辛子が有名で、参拝者に人気がある。

生態　トウガラシはアメリカの熱帯地帯が原産地。また、ペルーやメキシコの複数の遺跡からも出土しており、紀元前から栽培されていたのではないかと見られている。その後、コロンブスによってヨーロッパに伝えられ、17世紀にポルトガル人によってアジア、中国に伝えられたという。日本には同じころポルトガル人によってタバコとともに伝えられたという説と、豊臣秀吉が朝鮮半島に出兵したときに持ち帰ったという説がある。トウガラシは、辛味種と甘味種に大別される。辛味種を欧米などではチリペッパーといい、日本では甘味種の一種をピーマンと呼んでいる。春先に種を蒔き晩秋に収穫する。栃木県大田原市などは鷹の爪の産地である。

主な種類　乾物に加工される辛味種には次のものがある。

▶**鷹の爪**　日本の乾物店にある辛味トウガラシの代表である。形状が鷹の爪に見えることから名付けられた。果実が3〜4cmのものが多い。乾燥して保存し、漬物や七味唐辛子などに幅広く利用されている。三鷹、熊鷹、本鷹などの種類がある。

▶**八つ房唐辛子**　一つの房に10個ほどの実が、上を向いて成る。鷹の爪より太く長いが辛みはやや劣る。枝のまま乾燥させて観賞用にしても楽しめる。

▶**島唐辛子（キダチ唐辛子）**　沖縄で栽培されている。泡盛などに漬けて、調味料として販売されている。餃子のたれにもあう。

▶**伏見唐辛子**　京都の伏見地区の在来種で果肉は、10〜12cm位で細長い形をしている。丸ごと焼いたり、てんぷら、煮物に使われている。

▶**万願寺唐辛子**　伏見唐辛子と大型ピマーンのカルフォルニア・ワン

ダーとの交配で、果実の大きさは15cm
以上になり、肉厚で美味しい甘味種であ
る。京都の舞鶴市万願寺地区の固有品種
である。

▶**日光唐辛子** 果実は10 ～ 15cmと細
長い。輪切りにして生食の他、中華料理
や加工用など様々に利用される便利な中
辛唐辛子である。

鷹の爪

加工品

▶**七味唐辛子** 香辛料として各種の珍
味と薬味を混合したもので、配合比率な
どは各業者によって違いがある。唐辛子
粉、黒胡麻、山椒、芥子、麻の実、陳
皮、青海苔など七種類を混合したもので
ある。

八つ房唐辛子

▶**一味唐辛子** 七味唐辛子より辛い。
様々な種類を配合した薬味で、用途は七
味唐辛子に似ているが、キムチ漬けなど
に利用されている。

▶**かんずり** 新潟県妙高市に伝わる香
辛調味料でトウガラシを雪の上でさらし

島唐辛子

てからすりつぶして麹、柚子、塩を加えて熟成させる。ほかにも九州の
「ゆずこしょう」など各地で類似の調味料が多く作られている。

機能性成分と保存 辛み成分であるカプサイシンがエネルギー代謝を
活発にして、食欲増進、発汗作用をもたらすといわれている。発汗によ
り体温が下がるため、特に暖かい地方で好まれる。炭水化物の消化をた

すける働きもあるという。

　長期間保存すると香気が抜け、害虫が発生するので、湿気を避けて瓶に入れて保存する。和食のきんぴら、漬物、野菜炒めのほか、中華料理、韓国料理と利用範囲は広い。小さく切るほど辛みが増す。ぬるま湯に浸して戻すと刻みやすい。種の周りの内壁部分に強い辛みがあるため、辛みを抑えたいときは種を抜いてから調理するとよい。

　調理のポイント　辛みは種子が果皮につく胎座に多く、黄色色素とともに含まれるので、種のまわりが黄色いものほど辛みが強く小さく、刻めば刻むほど辛みが増すことを覚えておきたい。もみじ下しはトウガラシを大根に穴を開けて差し込み、おろし金で下ろす。

　いため方は辛み成分のカプサイシンは脂溶性なので、油でいためて辛みを移すと効果的である。トウガラシは焦げやすく100℃で最も辛みが出るので、油とともにフライパンに入れてから弱火にかけ、じっくりと加熱して、黒くなる前に取り出す。

八幡屋磯五郎商店

　長野県善光寺の山門にある唐辛子商店の歴史は古い。長野市郊外にある鬼無里村の商人が麻と和紙を江戸に運び、帰路かさばらないトウガラシを持ち帰り、初代勘衛門がその七味唐辛子を善光寺の境内で売ったのがはじまりと言われている。1707年（宝永4）に火災で焼失した善光寺の再建が行われ、冬の寒いなか作業をする大工や職人ら延べ20万人に七味唐辛子を入れた食べ物を振る舞ったところ作業がはかどり、七味唐辛子が耐寒食料として良く売れるようになったという逸話が残っている。

　江戸の七味唐辛子は陳皮（ミカンの皮）、胡麻、麻の実、焼き唐辛子、芥子の実、生唐辛子の七種類で作られていたが、八幡屋磯五郎は生唐辛子と芥子の実は使わず、生姜と青紫蘇を使い独特の味をつくりだした。いまでは、信州そばなどの薬味に欠かせない香辛料となっている。

はるさめ［春雨］

馬鈴薯デンプンやマメ科の一年草である緑豆（りょくとう）を加工、加熱して麺状にしたものを凍結し、乾燥させた製品。

白く透明なかたちが春に降る細い雨を連想させることから「春雨」と名付けられたといわれている。中国では、「粉条、粉絲（フェンテイヤオ、フェンスー）」と

春雨

いう。韓国では「タンミョン」、「コクスー」などと呼ばれる。

昭和初期には、「豆麺」という名で輸入されていた。そののちサツマイモ、ジャガイモのデンプンを原料にして、奈良・三輪地区の素麺業者が、手延べ素麺の閑職期の副業として生産するようになった。

生態　緑豆はインドで栽培されたのが始まりとされている。今は世界各地で栽培されている。日本には中国から伝わって栽培していたが、今は大半が中国産の輸入品である。

製造方法

▶**凍結春雨**　日本で製造されている春雨は、ほとんどが凍結春雨である。

①原料を配合して熱を加え澱粉をアルファー化する。

②小さい穴から熱湯の中にたらし込みながら茹でる。

③完全にアルファー化したら水で冷やし、水の中を泳がせながら棒にかけて引き上げる。

④冷凍庫で凍結する。

⑤凍結した春雨を天日乾燥（室内乾燥）する。

⑥乾燥した春雨を製品サイズにカットして包装、出荷。

　▶**非凍結春雨**　中国で製造される春雨の多くは緑豆のデンプンを原料にした非凍結春雨である。細い形状は凍結春雨と同じであるが、純白で透明、光沢があり、一定の太さでウエーブがかかっている。多少時間がかかっても煮くずれしない特徴があり、凍結春雨より多く市場に出まわっている。

　代表的なブランドに「龍口春雨（ロンコウー）」がある。日本で市販されている「マロニー」もこの一種であるが、製造工程が少し違い、原料を鉄板の上に薄く流し込み、最後にカットし、アルファー化したものである。

　また、透明感をだすときは、ソラマメのデンプンを20％位混入させることもある（スープ用春雨など）。韓国冷麺は馬鈴薯デンプンと甘藷デンプンに蕎麦粉を入れた非凍結麺であり、春雨ではない。

　保存と利用　春雨は濡らしたり湿気にあてない限り、2～3年保存できる。湿気を避けるため瓶などに入れて保存する。利用は、野菜炒め、中華料理、韓国料理、お吸い物など範囲は広い。鍋物、シャブシャブ、マーボーハルサメなどにも利用される。

ぱんこ［パン粉］

　パンを細かく砕いて乾燥させた製品。生パン粉、ソフトパン粉、焙焼パン粉などの種類があるが、どれも水分量を調節したもので、乾物販売店で取り扱っている。揚げ物のころもやハンバーグに練り込んで利用されている。パン粉を使った揚げ物は、オーストリア料理のウエンナシッシュニッツエルが始まりと言われている。

　日本では明治時代に「洋食」として、西洋文化とともに独自の発展を

とげた。欧州ではかつては油が貴重品であったため、油で揚げる料理は少ない。ウエンナッシュニッツエルは牛肉を薄く延ばして砕いたパンをまぶし、油をひいた鍋で焼く料理である。これがビーフカツになり、とんかつに発展したといわれている。

　利用　明治時代に肉や魚にパン粉をつけて、てんぷらのように揚げたものが洋食店で作られるようになると、1907年（明治40）に丸山寅吉がパン粉専用の製造販売業者になったのを機に、製造業者が増えていった。戦後は、食生活の洋風化に伴い口あたりの軽いパン粉が作られるようになり、トンカツ、エビフライ、カキフライなどのころもとして中身の素材を引き出す日本独特の洋食となっていった。その後、冷凍食品、調理加工食品、外食産業など多くの料理に使われるようになった。またハンバーグ、ミートボール、コロッケなどの練り込みに利用されるようになった。

製造方法
①テフロン釜などでパンを焼く。小麦粉とイースト菌などの副材料を混合し、パン生地を作る。
②生地を発酵して丸めて型に入れて焼く。焙焼式の場合はオーブンを使って火で焼くため、ふっくらとした焼き目色がつく。電極式の場合は電気で焼くため焼き目がつかず蒸しパンのような仕上がりになる。
③焼きあがったら冷蔵庫で冷やし、水分を均一化させる。
④回転する粉砕機でパンを細かくする。

主な種類
▶**生パン粉**　パンを規定粒度に粉砕し、水分が30～35％含んでいるパン粉。食感のよさが好まれている。
▶**乾燥パン粉**　水分が11～13％のため保存性、作業性が高い製品で

ある。

　▶ **カラーパン粉**　生地を作るときに着色料を添加して色を付けた製品。揚げたときのころもの色がよくなり、長時間おいても揚げ物の色が変わらず退色しにくい。

　▶ **ミックスパン粉**　焼き目を付けずに仕上げた白パン粉とカラーパン粉を任意の割合でミックスした製品。

　▶ **プレッダーパン粉**　硬めの生地をロールで帯状に延ばして、オーブンと高周波で連続して加熱し焼成したアメリカンタイプのクラッカーパン粉。

　品質の見方と保存　包装が完全で、白パン粉なら色が白く粒子が整っていること、柔らかさがあること、揚げたときにキツネ色で美しく仕上がること。

　乾燥したパン粉は吸収性がよいので、高温多湿は避け乾燥した場所に保存する。開封後は冷蔵庫で保管して、虫がつきやすい食品のそばに置かない。

　パン粉は家庭でも簡単に作ることができる。食パンの耳の部分を集めて、フードプロセッサーやチーズおろし器などを使って粉にすればできあがる。近年は家庭での揚げ物は手間がかかることから、冷凍品がよく利用されている。また海外からエビフライなど製品化されたものが多く輸入されている。

びーふん［米粉］

　粳米を原料として、麺状にした製品。中国や台湾で主に生産されている。台湾や中国福建省南部ではビーフン、北京語ではミーフェン、ベトナム語ではブン、タイ語ではセン、ミーなどと呼ぶ。中国産のビーフン

はもろく、折れやすいので、日本では原料の米の品種を変えて、デンプンを配合し麺を強くし、食味を強くしたビーフンが作られるようになった。日本での生産は原料やコストから少ない。神戸のケンミン食品株式会社などが有名である。

製造方法　台湾では、新竹市がビーフンの生産地として有名である。新竹市はビーフンを乾燥させるのに最適な、冷たく乾燥した季節風が吹くので生産が盛んになり、アメリカや日本に輸出している。中国の桂林で生産の「桂林ビーフン」は切り口が丸く、太い。平たいものは切粉チェーフンという。基本的な製造方法は次の通りである。

①粳米を水に浸けて柔らかくしてから、粉砕し脱水する。

②蒸しあげてから細かい穴から圧力をかけて押し出し麺状にする。

③押し出した麺をもう一度蒸してから乾燥させる。

利用方法　肉など様々な具と混ぜて食べる。豚肉のスープを注いだ「湯粉」、炒めた「炒粉」のほか、シンガポール、ミャンマーなど地域によっていろいろな食べ方がある。日本では台湾や中国料理店などで人気がある野菜や魚介類、肉類を具材と一緒に炒めた焼ビーフンが一般的である。

ひえ［稗］

イネ科の一年草であるヒエの種子を乾燥した製品。

日本では昔からキビ、アワなどと同様な主食作物として栽培されてきた。米より短期間で収穫することができるとともに荒地でも育つことから、五穀の一つとして重要な役割をはたしてきた。宮中の新嘗祭にも献上される。また、アイヌでも神聖な供物とされた。アイヌ語ではピパヤと呼ぶ。

生態 特に寒冷な土地や痩せた土地で
も生育し、ムギやダイズと輪作されてき
た。茎は肥料として利用される。おかゆ
やねり餅にして主食としても食べられ
た。また、ほかの雑穀と混ぜた五穀米な
どの需要があるがわずかである。

ひえの種子

栄養と機能性成分 タンパク質はコメ
やムギより良質でカルシウム、ビタミンB類を多く含んでいる。開封
したら、密閉容器に入れて冷暗保存する。

ひよこまめ ［鶏児豆］

マメ科の一年草であるヒヨコマメの種
子を乾燥した製品。

ひよこみたいな形からこのように呼ば
れているが、ラテン語に由来する。ヒ
ヨコマメ（スペイン語はガルバンソウー）
は、中東、北アフリカ、インドが主な生
産地で、春から初夏にかけて白い花を咲

ひよこまめ

かせ、毛の生えたサヤを付ける。種子はクリーム、白、黒、茶色などが
あるがクリーム色が一般的である。乾燥した気候を好み、雨が多い多湿
の日本では栽培に向かない。近年はわずかであるが、北海道などで栽培
されている。煮込み料理、スープやカレーに入れたり、煮豆、甘納豆、
スナック菓子、サラダ豆などに利用されている。

ふ［麩］

小麦粉に含まれているグルテンという植物性タンパク質を加工した製品。

麩は雪に閉ざされる東北地方などで、冬の貴重なタンパク源として重宝されてきた。日本各地にそれぞれの生活や気候風土から生まれた様々な麩があります。麩は大別すると焼き麩と生麩がある。麩の伝来時期は不明だが、8〜9世紀の中国の文献に「麺筋（メンチン）」と記述されているものが起源ではないかと言われている。当時は仏教の厳しい戒律から、禅僧たちは殺生、肉食を断っていた。そのために肉に代わるタンパク源をダイズやコムギに求めて、麩を作り珍重していたという。

生態 南北朝の頃、麩は禅寺の喫茶を楽しむときのお茶うけとして扱われており、一休和尚が普及に尽くしたという。江戸時代初期には隠元禅師が普茶料理を広め、さらに麩の製造者も現れて、庶民も食するようになった。さらに1859年（安政6）の開港とともに精白小麦が輸入され、生地が滑らかになり、初めて鉄板の上で焼く「焼き麩」が生まれた。

そして、明治時代になると焼き麩が一般市民の食生活に受け入れられるようになった。

製造方法

①小麦粉に水または食塩水を加えて長時間練りながら上水を取り替え、デンプン質を洗い流し、最後に残ったネバネバした弾力のあるグルテンを取り出す。

②グルテンに塩を混ぜて、さらに練り込み洗い流し、小麦粉、米粉を混ぜる。製品によっては種類や配合が違う。

③良く練って熟成、成型する。

④鉄板の上で焼成する。

⑤焼成した麩を形や用途によってカットして出来上がる。

⑥選別、検査、切断して出荷。

主な種類

▶**車麩**　麩の生地を直火焼成した製品。麩の生地を鉄の棒に渦巻き状に巻き付けて焼く。新潟県、北陸、東北地方で生産されている。

▶**庄内麩**　麩の生地をバーナーで焼いて板状にした製品。岩手県、山形県、秋田県などの日本海側で生産されている。

▶**南部板麩**　岩手県、青森県、宮城県など、太平洋側で生産されている。

▶**饅頭麩**　麩の生地をお饅頭のように丸めて成型した製品。青森県、山形県、新潟県など日本海側で生産されている。つるんとした滑らかな舌ざわりとモチモチした腰のある絶品でだし汁を良く含み上品な味覚がある。

▶**案平麩**　麩の生地を丸餅のように大きくふっくらとした形に成型した製品。山口県では、仏事の供え物として利用されている。

▶**手毬麩**　五色の紅染めにして生地を丸めて手鞠のような形にした製品。石川県、岐阜県、京都府で生産されている。

▶**餅麩**　グルテンに餅粉を加えて作った製品。おもに京都府、大阪府で生産されている。

▶**松茸麩、丁子麩、花麩**　麩の生地を成形型に入れて焼いた製品。松茸に似た形や正角型、花の形などに似せて作る飾り麩である。

▶**圧縮麩**　麩の生地を蒸して圧縮した製品。沖縄県や各地でチャンプルーを作るときに利用されている。

▶**すだれ麩**　グルテンを蒸した状態の生麩をすだれ状に延ばし包んで加熱してから乾燥した製品。石川県で生産されている。

　▶岩船麩　江戸時代前期、日本地図を作ったといわれる伊能忠敬が、岩船（新潟）の庄屋に宿泊した際に、「丸い麩」という名前の料理がのったと伝えられている。同県の新発田市には新発田麩もあり、この麩を蒸気で押しつぶした「つぶし麩」がある。

　以上は代表的な麩で、材料をオーブンで焼成するタイプの麩である。このほか小町麩、観世麩、白玉麩、卵麩などがある。京都府などでは生麩が精進料理に利用されており、手毬、紅葉、桜花、ヨモギなどの形に成型され色付けしたものが各地で作られている。

　栄養と機能性成分　麩は植物性タンパク質とミネラルが豊富で、パンや乾麺などより2〜3倍多く含まれており、脂質、塩分は少ない。麩はリジンの多いダイズ製品と組み合わせるとアミノ酸のバランスがよくなるうえ、麩には少ないカルシウムも補える。

　品質の見分け方　きめ細かくて内層が白く、焼き上がり面につやがあり、こんがりときつね色のものがよい。悪い麩は内層のきめが粗く、黒ずんで気泡がたくさんあり、焼きあがり面はしわしわでむらがある。このような製品はグルテンが劣化したものである。

　保存と利用　湿気を嫌うので密閉容器などに入れて保管する。仙台麩などの場合は油で揚げているので酸化しやすく、早めに使う。麩は水に浸ければすぐに戻るのでお吸い物などに利用する場合は、戻さず直接入れて使うことができるため利用範囲は広い。

　煮物、炒め物の材料として使われている。沖縄ではチャンプルーが有名。また麩菓子、黒砂糖を表面に付けたフーボーや麩かりんとうなどお菓子にも利用されている。

新発田麩（餅麩）

板麩

車麩

五穀麩

観世麩

巻庄内麩

小町麩

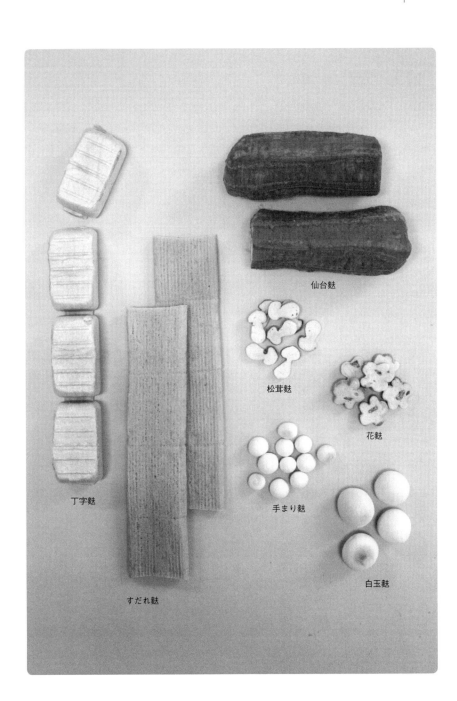

仙台麩

松茸麩

花麩

丁字麩

手まり麩

白玉麩

すだれ麩

ほおのは ［朴の葉］

モクレン科の落葉高木であるホオの木
の葉を乾燥した製品。

「ほお」は「包」の意味で、古くは大
きな朴の葉に食べ物を盛ったことが由来
とされている。飛騨高山（岐阜県）や富
山県、新潟県、群馬県では朴葉味噌など
の名称で郷土料理によく使われている。

ほおの葉

生態　ホオの木は、春先にこぶしの花に似た白い花をつける。葉を春
から夏にかけて収穫し乾燥、保存しておく。

保存と利用方法　湿気を嫌うので缶などに入れて保存する。利用する
前に乾燥したホオの葉を水に10分ほど浸けて戻し、葉の状態に戻して
おく。これを七輪の上に金網を敷き、朴葉をのせて味噌と山菜や肉を焼
くと香ばしい香りと味がたのしめる。

ほしあんず ［干し杏］

バラ科の落葉高木であるアンズの実か
ら種を取り除き、天日で乾燥した製品。

アンズの原産地は中国北部、中央アジ
ア、ヒマラヤ西北部である。中国では
2000年以上前から種の中にある「杏仁」
を収穫し漢方薬として利用した。その
後、中国からヨーロッパ、中東、アフリ

干しあんず

カに伝わり、18世紀頃アメリカに伝わったとされている。日本に伝来した時期はわからないが平安時代の書物に「カラモモ」という和名が記載されている。本格的に栽培されるようになったのは、ヨーロパの品種が導入された大正時代からだと思われる。現在、日本で市販されている干しアンズは輸入品が大半を占め、一番多いのは中国産で、日本の品種よりサイズが大きい。

生態　日本で生産されているアンズは和アンズ、日本アンズなどで粒は小さく、色は褐色で時間が経つと黒くなってくる。酸味が強く日本全国で栽培されている。特に甲信越地方で多く栽培されている。長野県のアンズは春早く花が咲き、6月下旬から7月にかけて実が成る。実を取り種を抜き乾燥させる「和アンズ」「日本アンズ」は、「平和」「昭和」「信州大実」などの品種があるが、これらは主に生食用である。干しあんずに向く品種は次のものである。

主な種類

▶**山形三号**　山形県原産の品種で昭和初期から長野県で栽培されてきた。果実は円形で黄色みかかった橙色をしている。果実は60g前後で、酸味が強いので生食には向かないが干しあんずやジャムに加工される。

▶**新潟大実**　新潟県が原産で、酸味が強く干しあんずやジャム、シロップ漬けの加工用として利用されている。円形淡橙色で果肉は60g前後である。

栄養と機能性成分　ベーターカロチン、カリウムなどを多く含み、高血圧、動脈硬化予防、喘息咳止め（杏仁部分）に効果がある。

保存と利用方法　密閉容器かビニール袋、瓶などで保管する。また、ドライフルーツとして利用される。

第2章　農産の乾物

ほしいも ［干し芋］

　ヒルガオ科の多年草であるサツマイモを蒸して切って乾燥させた製品。干し芋の製造は、1809 年（文化 6）頃に大藤村（静岡県磐田市）の大林林蔵と稲垣甚七がサツマイモを蒸して厚切りにして乾燥させて作ってからだといわれている。その後、明治 41 年に茨城県那珂湊（ひたちなか市）で生産された。

　秋の味覚であるサツマイモは糖質が多いが体内に入ると糖質分解酵素が働く。皮の中は黄色をしており、カロチンとビタミンが多く熱に対しても強い。サツマイモを食べると胸やけをおこしやすい人は、皮ごと食べると体内での発酵が抑えられて胸やけがおこりにくい。

　生態　茨城県ひたちなか市の那珂湊や阿字ヶ浦地方は原料のサツマイモの栽培に適した土壌だったことや、冬に強い海風が吹く乾燥した気候が干しいもの生産に適していた。また、北海道や東北に出荷するのに地の利があるなどから現在は圧倒的な生産地となっている。

　原料となっているサツマイモの品種は、玉豊、いずみ種、玉乙女、ベニマサリなどである。主力の玉豊は他の品種に比べて大型で外皮、肉色とも白く、食感がネットリしており、生では白いが干すと飴色に変わる。

　サツマイモは春に親芋から芽が出て 10 cm ほどになったら茎径を植える。夏が過ぎ秋になると収穫となる。

　製造方法

　①秋に収穫された原料芋は土のついたまま保管して、蒸す直前によく洗う。

　②洗った芋は大きさ別に選別しせいろに並べて蒸す。

　③蒸した芋は一つずつ丁寧に皮をむく。

④皮をむいた芋をつき台でスライスする。つき台はピアノ線、ステンレスの針金を張り、平干し芋は9〜12mm幅に、角きり芋は2cm角にスライスする。

⑤スライスされた芋はすだれに並べて天日で約1週間ほど乾燥する。丸干しの場合は20日ほどかかる。

茨城県と静岡県が主な産地だが愛媛県宇和島では「東山」、長崎県では「かんころ」という。熊本、鹿児島地方では芋をスライスする機械をコッパケズリ、コッパキリなどと呼び、干し芋を「コッパ」と呼んでいる。

栄養と機能性成分　コレステロールは含まず、食物繊維が多い。ビタミンB$_1$、ビタミンC、カリウムも多く含んでいる。天日乾燥し熟成すると白いデンプン質の粉が発生する。飴色で白粉が付き甘い香りと甘味が強くやや柔らかいものがよい。白粉は麦芽糖の結晶である。

保存と利用方法　乾燥しすぎると硬くなり、乾燥が不十分だとカビが発生するので温度管理が必要である。強い直射日光を避け水分含有が分離しないよう低温保存か冷蔵庫保存が好ましい。冷凍にすれば長期保存が可能である。硬くなった品は焼くと美味しく食べられるが、さめると硬くなる。最近はカビを防ぐため窒素ガスや脱酸素剤を封入した包装品がある。

ほしきく ［干し菊］

食用キクの花の部分を蒸してのり状に漉いて乾燥した製品。菊のりとも呼ばれる。青森県、岩手県、福島県、新潟県など東北、北陸地方などで栽培されている食用菊を蒸してのり状に漉き、乾燥したもので、現在食用とされている菊は60種。山形県では「もってのほか」と呼ばれる

滋紅紫の「延命楽」、青森県では「阿房宮」が生産されている。「阿房宮」は産地南部町で 10 月中旬から霜の降りる 11 月中旬まで収穫される。冷涼地で生産されるので、特有の芳香、甘味、色彩に優れているという。

干しきく

製造方法

①菊の花を鎌で刈り取る。

②花びらをむしりせいろの型に平均にならす。

③ 100℃近くの蒸気で蒸す。

④乾燥室に入れて約 18 時間乾燥する。

主な種類

▶**阿房宮**　黄色の小輪種の八重咲き。青森県、岩手県などが産地。

▶**延命楽（もってのほか）**　明るい赤紫の中輪種の八重咲き。山形県、新潟県などが産地である。

栄養と機能性成分　食用菊はアルカリ性であり、コレステロールを除去するなど、血液の流れをきれいにする作用がある。高血圧にも効果があるといわれているカルウムも含んでいる。

保存と利用方法　12 月から春の彼岸頃が販売期であり、気温が高くなると変色や虫がつくことがあるので乾燥した状態で保存する。

　さっと湯がくだけで鮮やかな彩りと味わいを取り戻す。酢の物、大根なますと合わせて「菊なます」にしたり、刺身のつまとする。

ほししいたけ［干し椎茸］

　マツタケ目キシメジ科に分類されるシイタケを干した製品（ヒラタケ科、ホウライテキ科、ツキヨタケ科、ハラタケ目キシメジ科という説もある）。

　シイタケは、わが国ではいつから食べられたかは、はっきりしていないが、弘法大師空海（774 〜 835）が中国の唐から帰国して伝えたといわれている。文献に干し椎茸が初めて著われたのは、永平寺の開祖・道元の『典坐教訓』である。また、『日本書紀』に「たけ」という言葉が使われていることから、西暦 200 年頃から食べられていたと推測される。

　「椎茸」という文字が最初に記された『親元日記』（1465）には伊豆の円成寺から足利義政将軍に椎茸を献上したとしている。また、椎茸の人工栽培は江戸時代中期に豊後（大分県）と伊豆（静岡県）で最初に行われたとされている。当時の栽培方法は原木に鉈できずをつけて、空気中に飛んでくる雌雄の胞子を自然に接種させる一種の風媒方法であった。

　生態　干し椎茸は乾燥することによって生の椎茸よりうま味が増すため、味や香りがよい。また、天日干しすることによって、エルゴステロールという物質がビタミン D_2 に変化し、栄養価も上がる。

　名前の由来は「椎の木に多く発生する茸」だといわれている。香りがよい菌ということでかつては「香菌」とも呼ばれていた。香菌は野生では、主にナラ、カシ、シイ類などのブナ科の枯れ木に春と秋に発生し、高地では夏に発生することが多い。短い円柱形の柄の先に傘をひらく。枯れ木の側面に出ることも多く、その場合は柄は大きく曲がる。傘目の表面は茶褐色で綿毛状の鱗片があり、裏面は白色で細かい襞がある。子実体の発生は初夏と秋で適温は 10 〜 25℃と幅があり菌株によって異なる。発生時期によって名称が異なり、冬の寒い時期に発生したものを寒

子、春に発生したものを春子、秋
に発生したものを秋子、梅雨時期
に発生したものを梅雨子、藤の花
の頃発生したものを藤子と呼ぶ。

原木栽培

　椎茸は日本、中国、韓国などで
食用に栽培されているほか、東南
アジアの高山地帯やニュージラン
ドにも分布する。日本では、干し椎茸の生産は大分県、静岡県、鳥取県、
熊本県、宮崎県などが盛んである。中国からの輸入は浙江省、福建省、
湖南省などで生産されたものである。

栽培方法

　▶**原木栽培**　ナラ、クヌギ、シイなどの広葉樹を伐採して枯らしたも
のを原木として使用する。原木に穴をあけて種駒を打ち込み、適度に日
に当たるスギ林や竹林に設置する。収穫は種駒を打ち込んでから2年半
たってから、原木が朽ち果てるまでの5〜6年ほど毎年収穫できる。3
年目くらいがいちばん美味しいとされている。

　①直射日光が当たらない場所、

　②冷えすぎず温まる場所、冬期間や早春には木漏れ日が当たる場所、

　③水はけがよく、風通しの良い場所、を選ぶ。

　▶**菌床栽培**　鋸屑にふすまや米糠などを混ぜて固めてから椎茸菌を植
え、屋内で栽培する方法。5〜6カ月で採取が可能で、温度、湿度の管
理を人工的に調節できるため、年間を通して栽培することができる。菌
床栽培は、原木の伐採や運搬に労力がはぶけて、栽培期間が原木栽培に
比べて短く手軽に栽培ができる。しかし、菌床栽培で育った椎茸は味、
香りともに原木栽培にくらべて劣る。

主な種類

▶冬菇（どんこ）　七分開きぐらいで採取したもので気温が低くなる晩秋から早春にかけて育った秋子や寒子に多くみられる。肉厚椎茸で気温が低く乾燥した天候が続けば冬菇のまま大きくなる。

▶天白冬菇（てんぱくどんこ）　冬菇の中でも、肉厚で傘の表面に白い亀裂が入っているもの。気温が5～8℃で湿度35％以下の環境で30日かけてゆっくりと育てた冬菇。花が開いたように見えるため人気があり、最高級品とされ花冬菇とも呼ばれている。

天白冬菇

▶香信（こうしん）　傘が七分以上開いており肉厚系で2～5月に成長する春子に多い。気温が急に上がって雨が降るといっせいに傘が開いて香信になる。

▶香菇（こうし）　七分開きになってから採取したもの。冬菇と香信の中間に位置する。肉厚で大ぶり。

香信

▶ばれ葉　採取の遅れにより、傘が開きすぎて肉薄になったもの。気温が急に

ばれ葉

上がって雨が降ると、いっせいに傘が開いて香信になる。低価格で水戻しも早く、日常の料理には便利。

製造方法　生シイタケは傷みやすいので、採取したらすぐに乾燥させる必要がある。乾燥は、今は機械で人工的に行われている。少しでも水

分があるとカビや虫が発生してしまうため、天日での乾燥も良いがゆっくりの乾燥では傷んでしまう。そのため、江戸時代でも天日ではなく炭火で乾燥したといわれている。

　現在は 40 〜 55℃で 15 〜 20 時間かけて熱風乾燥したのち、遠赤外線乾燥機を使って内部温度を 80℃にして仕上げる。「天日干し」の名で販売されている商品でも、機械乾燥ののち、天日に 1 〜 2 時間ほど干した製品である。

　栄養と機能性成分　微生物の子実体であるキノコは、動植物にはない成分を含んでいる。中でもシイタケは特に多い。特に注目すべきは、エルゴステロールという成分である。エルゴステロールは、太陽光（紫外線）を受けるとシイタケの中でビタミン D に変わり、それを摂取するとカルシウムが腸からの吸収を促すといわれている。冬菇 10 個で 1 日分のビタミン D の目安量がとれる。

　機械乾燥は紫外線をあまりあびていないのでビタミン D は期待できない。しかし、利用する直前に傘の裏を上に向けてザルなどに並べ天日干しをすると、保存中に失われたビタミン D を回復することができる。

　生のシイタケを家庭で天日干ししても同じ効果が得られるが、完全に乾燥させるのは難しい。

　干し椎茸には、100g 中 41g もの食物繊維が含まれているので、1 枚（3g）5.5kcal と低エネルギーである。食物繊維の大半は不溶性のセルロースやリグニンなど腸内の善玉細菌のエサとなってビタミン B_2 の生成を促し、免疫力を高める。そのほかエリタデニンというシイタケ特有の成分があり、これは血中コレステロールを低下させる作用があるといわれている。

　加熱したり乾燥しても失われないが、干し椎茸を戻すとき、溶け出してしまうので、戻し汁も使うと摂取することができる。また、多糖類の

一つであるレンチナンも含んでいる。レンチナンは癌などの悪性腫瘍の発育を阻止する作用があるとされ、胃がんの治療薬にも使われている。

品質の見分け方　傘の表面が茶褐色でつやがあり、傘の裏目がきれいに整っている淡黄色で黒い斑点や虫食いがなく、椎茸の茎、足がしっかり太いのがよい。香りやうま味は菌床栽培より原木栽培のものを選ぶのがよい。

保存と利用方法　干し椎茸の正味期間は約1年である。しかし適切な環境で保存すれば2年は使える。開封したら、湿気と直射日光を避け、密閉できる容器に入れて冷暗所か冷蔵庫で保存する。出し入れが多いと湿気が入るので、小分けしてパックして、用途によって使い分ける。

含め煮には冬菇がよい。みじん切りにするならスライスでよい。干し椎茸は水に浸けて、時間かけて戻してから調理する。芯までふっくらと戻るまでには一晩かかる。戻している間に、栄養成分のうえでも大きな変化がおきている。まず、シイタケに含まれている酵素が働き、香り成分であるレンチオニンとうま味成分であるグアニル酸が生成される。そしてグルタミン酸、アラニンなど、うま味を増すアミノ酸が作られる。急ぐ場合は電子レンジを使うが、急激に加熱すると酵素の働きが失われてしまうので香りやうま味が少なくなってしまう。

ほしぜんまい ［干し薇、干し紫萁］

ゼンマイ科のシダであるゼンマイの新芽を摘み採り、煮てから乾燥させた製品。ワラビ、ゼンマイは山菜の代表的食材で人気があるが、山から採ってきて茹でて、乾燥させるという手間がかかるので近年は国産は少なく中国からの輸入が多い。

くるりと巻いた胞子葉が丸い銭のかたちに似ていることから「繊巻（せんまく）」

と書くようになり、それがなまっ
て「ぜんまい」になったという。

生態 雪解けの山間地ではいち
早く芽を出す山菜で、保存食とし
て法事やおせちなどの食材として
人気がある。特に山形、福島、新
潟、福島、長野産の太く軟らかい

天日干しするゼンマイ

ものがよいとされている。ワラビは原野や平地林に生えるだけに天然の
収穫量は多いが、ぜんまいは採集に手間がかかる。

製造方法

①国産のほとんどが天然もので人工栽培はごく少量である。山間地よ
り人の手によって採られる。

②収穫後すぐに綿毛を取り大きな鍋に入れてサッと煮る。

③急速に冷しムシロやゴザに広げる。

④天日干ししながら手で何回も揉みながら水分を飛ばす。揉むこと
により繊維質の部分がほぐれて、ひねりが加わり独特の食感が生まれ
る。

⑤天日でよく乾燥する。

主な種類

▶**赤干しゼンマイ** 天日乾燥がもっとも美味しいとされている。

▶**青干しゼンマイ** 茹でたゼンマイいを網に広げて薪や松葉を燃やし
た火にかざし、煙の上で揉みながら乾燥する。

栄養と調理 赤血球の材料となる鉄分が豊富でカロテン、ビタミンK
が多い。最も期待できるのは食物繊維で動脈硬化の予防ができるリグニ
ンも含まれている。

戻し方は大き目の鍋に熱湯をタップリ入れてフタをして2〜3時間置

くと赤い水がでるので捨てる。こうすることでアクが抜け、軟らかく戻る。

保存と利用方法　湿気を嫌うので缶や瓶で保存する。調理する前日から水に浸けておき戻す。多めに戻したときは冷凍すれば数カ月は保存できる。

ほしだいこん［干し大根］

　アブラナ科の二年草であるダイコンを薄切りにして乾燥させた製品。冬場に作る。生野菜が不足する時期が最需要期となり、保存食として長年親しまれている。日本の北から南まで各地で作られ、地方独特の作り方、食べ方が定着している。ダイコンは毎年9〜10月に種蒔きがされ、晩秋に収穫される。宮崎県霧島地方で多く生産されるが、秋の台風や気候条件で豊作、不作がいちじるしく、年間の価格が大きく相場に反映する商品である。干し大根は関東地方では切り干し大根、関西地方では千切り大根とよばれるが同じものである。

　生態　ダイコンは3世紀に中国から朝鮮半島を経て日本に伝えられたという。『日本書記』に於朋泥と記載されている。これが大根となり、ダイコンと呼ぶようになった。中国のダイコンは大型で水分の多い華南系と皮に色があり澱粉質の多い耐寒性のある華北系がある。この二系統とも日本に伝来し、時代とともに交雑が進み各地の気候風土にあう品種が誕生した。

　切り干し大根は、かつては千葉県が主流であったが、その後愛知県の宮重大根と華北系の交雑種が青首大根となり渥美半島が産地となった。

　江戸時代初期には凶作対策としての保存食であったが、明治時代末期に愛知県の農家が宮崎県に移住して愛知県産の青首大根も移植されたと

いう。青首大根は、デンプン質が多く水分が少なく成長が早く、病気に強く、ダイコンにすが入りにくいことから、乾物に向く加工品として最適であった。現在市販されているものは、宮崎産が全国の90%を占めている。

製造方法

①8月後半から9月上旬畑を整地して青首大根の種を蒔く。

②12月下旬から2月中旬に収穫して大根を洗う。

③ダイコンの青首と尾をカットする。

④千切りスライサーでダイコンを3mmの切り刃でカットする。（地区によってはサイズが違う）

⑤外気温が5℃前後の冬の霧島の寒風が吹く日に、畑に木材を組みその上にむしろを敷いてカットしたダイコンを拡げて1日から2日天日乾燥する。

⑥収集する。

⑦冷凍保存（マイナス10℃からマイナス25℃）する。

⑧袋詰め、出荷。

主な種類

▶ **切りし干大根（千切り大根）**　同じものだが地域によって呼び名が違う。

宮崎県の北部地区の国富、西都、綾町、新富、宮崎市、尾鈴などで全国の80%位生産されている。田野町、清武、木花地区でも20%位生産されている。北部地区は平野部であるため作付面積が広く山間部でもきめ細かい管理と風が強く異物の混入が少ない。南部地区は切り干し大根以外につぼ漬けダイコンが生産されていて品質はよいものがある。北部地区より約5℃前後気温が低いため乾燥作業の効率もよく、色が白くダイコンのうま味が表面に出にくいよいものが出来る。

▶**茹で干し大根**　湯がき大根とも呼ばれている。長崎県の五島列島や西彼杵半島の西海市の特産品で、大蔵大根を太めのせん切りにして茹でて天日乾燥したもの。ソフトな食感と甘味があり味、風味がよく保存性もよい。青首大根を蒸した「蒸し干し大根」もある。

▶**花切り大根**　岡山県では割り干し大根を小花切りにして、ハリハリ漬けなどにも使われている。

生ダイコンを薄く銀杏形に切って干したものは徳島県の特産品。

▶**割り干し大根**　ダイコンを太く縦に裂いて、紐に吊して干したもの。

▶**寒干し大根**　輪切りにして茹でた大根の中心を吊るし、干しあげたもの。新潟県などでは薄い銀杏形に切って干したものを寒干し大根と呼ばれている。

▶**丸切り大根**　薄くダイコンを輪切りにし、干したもので西日本や瀬戸内などの特産品。

▶**氷大根（凍り大根）**　縦に割るか輪切りにしたダイコンを軒下などに吊るし、氷点下で凍らせて干したもので雪国独特の保存食品。福島県や山形県、中部地方の山間部などで作られている。

栄養と調理　生ダイコンより水分が減った分だけ成分が凝縮されているので栄養価は高く、特にカルシウム、鉄分を多く含んでいる。また、現代人に不足がちの食物繊維、カリウムが豊富である。戻し方は水に軽く浸けるだけで簡単に戻る。茹で干し大根や花切り大根は加熱してあるので戻りも早く調理も簡単である。

ダイコンに含まれるデンプンから甘味もあり、だし汁と簡単に合わせるだけで他の乾物と一緒に煮炊きできる。

品質の見分け方　乾燥状態が良いことが第一で、色は白からやや淡黄色のものがよい。茹で干し大根や蒸し干し大根は黄色みが濃いが艶のあるしっかりとしたものがよい。

第2章　農産の乾物

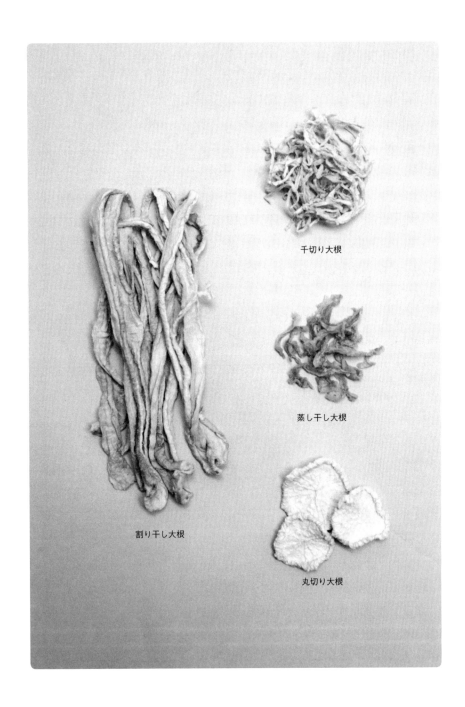

千切り大根

蒸し干し大根

割り干し大根

丸切り大根

保存と利用方法　製造後長く置くうちに褐色になるのは、大根の成分であるアミノ酸と糖が反応し（アルミノカルボニル）酸化してしまうからである。干し大根は冷凍保存してから出荷するので加工後6カ月位の賞味期間で梅雨時期や夏にかけては変質しやすいので家庭の冷蔵庫か冷凍庫などに保存する。干し大根は独特の臭いを持つが、微生物が繁殖する心配はないので、食べても害はない。また水戻ししたものをきつく絞って冷凍保存しておけば2カ月くらいはもつ。

ほしゆば［干し湯葉］

　豆乳を煮立て、表面にできる薄い膜をすくい取ったのが生湯葉で、乾燥させた製品が干し湯葉である。

　干し湯葉は、精進料理や懐石料理の食材として保存性もあり、まさにダイズの最高級加工品である。豆乳の表面がしわになり姥の顔に似ているので「うば」と呼ばれた。また豆腐の「うわもの」の音が濁って「ゆば」になったとも言われている。

生態と歴史　湯葉は1200年前、最澄が中国から持ち帰ったと言われている。日本で最初に湯葉が使われたのは天台宗総本山延暦寺で精進料理の材料として使われたという。江戸時代の『豆腐百珍』（1782）には湯葉料理が記載されていて、いろいろな種類が作られ庶民にも広まったとある。最近和食だけでなく、洋食などにも健康によい食材として利用されている。

製造方法

①厳選したダイズをじっくりと一晩水に浸けて戻し、水を注ぎながら挽く。

②大釜で煮て、布で漉して豆乳を作る。

③深さ5〜10cm位の木枠で仕切った鍋に移し、微調整された火にかけ熱を加えて、じっくりと皮膜を作りあげる。

④皮膜を竹串でそっと引き上げる。引き上げは湯葉の張り具合や火加減を見ながら早からず遅からず絶妙なタイミングで一枚一枚ていねいにそっと引き上げる。

⑤干し湯葉は、生湯葉が半乾燥のところを切って，巻いたり結んだりして成形し温風乾燥する。

主な種類　干し湯葉には、様々な形に加工した製品がある。以下に紹介する他にも、小巻湯葉、結び湯葉、竹湯葉、平湯葉などがある。

▶**京湯葉**　仕上がりが平たいので板湯葉として多く加工され、寺院や京料理店でみやげ物として販売されている。

京湯葉（板湯葉）

▶**日光湯波**　京で作られていた湯葉は、日光（栃木）開山のときに修験者達によって持ち込まれた。消化吸収と栄養から貴重なタンパク源として江戸時代に日光の二社一寺に供え物として納められた。日光湯葉は「湯波」と書くことが多い。

▶**大原木湯葉**　大原木湯葉は真ん中を昆布で結んだ京湯葉で、湯葉と湯葉の間にだしがしみ込んでうま味を引き出す。

▶**巻き湯葉**　湯葉をいくえにも巻いて作るので、水分を含むと広がってボリューム

大原木湯葉

がでる。

▶**蝶々湯葉**　蝶々のように華やかなかたちに作る。料理の華添えになる。

栄養と料理　湯葉は豆乳から作るので大豆の加工品と同じ栄養価がある。消化吸収がよく少量でも栄養価が高い。鉄分、亜鉛、カリウム、ミネラルなどが豊富で子供や高齢者の栄養補給に適している。

小巻湯葉

戻し方は簡単で、弱火でゆっくり火を通せばよい。強火だと身が硬くなるので注意。

品質の見分け方　クリーム色で薄く硬く、壊れやすいので取り扱いに注意。長時間経つと外観は変わらなくても油臭さがあり変質する。賞味期間内のものを選ぶ。

保存方法　常温で3カ月くらいを目安に保存する。強い紫外線に当たると酸化しやすいので冷暗所で保管する。

むぎこがし ［麦焦し］

イネ科の越年草であるオオムギを煎ってから粉にした製品。関東では主に「麦こがし」という。関西では裸麦で製造して「はったい粉」と呼ぶ。呼び名は違うがいずれも原料は麦を使う。

地方によって「こうせん」「麦いり粉」「いり粉」「おちらし」という。用途は砂糖を混ぜてそのまま食べるか、砂糖を加えてから水またはお湯でこねて食べる。江戸時代には神社、寺院の前の茶屋で客に出していた。みじん粉と砂糖を混ぜて「麦落雁」や「はったい茶」にする。夏の飲み物としていた地方もある。九州、四国地方ではキビ、トウモロコシの粉

を「はったい粉」と呼んでいた。いずれも香ばしく、素朴な穀物の粉菓子である。

もちとりこ ［餅とり粉］

コーンスターチ、小麦デンプン、片栗粉などを混合した製品。餅つきのときに手や餅板に付かないようにするために使用する。手打ちうどん、パン、ケーキ作りのときにも使う。

れんずまめ ［レンズ豆］

マメ科の一年草であるヒラマメの種子を乾燥させた製品。「レンテル」、「ひら豆」ともいう。中米や南ヨーロッパ、西アジアなどからの輸入品が多い。赤レンズ豆と青レンズ豆がある。日本では生産されていない。

れんずまめ

世界各地でスープに入れたり、スープストックで煮て、肉料理の付け合せなど日常的に食べられている。

わらびこ ［蕨粉］

山野に自生するイノモトソウ科のシダであるワラビの根から採ったデンプン製品。

岩手県、秋田県、岐阜県、高知県の山間部で農家の副業としてごくわずかであるが栽培していた、今はほとんど中国から輸入されている。日

本で精製し和菓子の原料として業務用で流通している。本わらび粉は粘りが強いので糊やわらび餅に利用されている。現在、わらび餅は各種デンプンを配合して作られている。

乾物の戻し率 (倍率)

名称	倍率（量）	倍率（重さ）
干瓢	約3.5倍	約7倍
黒きくらげ	約7倍	約12倍
白きくらげ	約8倍	約10倍
大豆	約2.5倍	約2.5倍
春雨（緑豆）	約3.5倍	約4.5倍
車麩	約1.2倍	約4.5倍
小町麩	約1.2倍	約13倍
干し椎茸（冬菇）	約4.5倍	約6倍
干し椎茸（香信）	約4倍	約5倍
千切り大根	約4倍	約5倍
干しぜんまい	約4倍	約3倍
角寒天	約1.5倍	約100倍
三石昆布	約1.5倍	約3倍
早煮昆布	約2.5倍	約2.5倍
刻み昆布	約1.5倍	約3倍
芽ひじき	約8.5倍	約8.5倍
長ひじき	約8.5倍	約5倍
湯通し塩蔵わかめ	約1.5倍	約1.5倍
カットわかめ	約12倍	約9.5倍

乾物のおもな栄養・機能性成分一覧表

小豆	炭水化物、タンパク質、カリウム、リン、葉酸
アマランサス	炭水化物、カリウム、リン、マグネシウム、マンガン
粟	炭水化物、タンパク質、カリウム、リン、パントテン酸
いもがら	カリウム、カルシウム、食物繊維
煎り糠	タンパク質、ビタミンB
いんげん豆	炭水化物、タンパク質、カリウム、マグネシウム、リン、食物繊維
えんどう豆	炭水化物、カリウム、リン、鉄、食物繊維
乾燥舞茸	炭水化物、カリウム、リン、銅、食物繊維
干瓢	炭水化物、カリウム、カルシウム、マンガン、食物繊維
きくらげ	炭水化物、カリウム、カルシウム、マンガン、食物繊維
黍	タンパク質、炭水化物、鉄分、ナイアシン
ぎんなん	タンパク質、脂質、鉄、ビタミンA、ビタミンB
葛粉	イソフラボン
胡桃	タンパク質、脂質、ビタミンB、ビタミンC
芥子の実	カリウム、カルシウム、リン、鉄
凍り蒟蒻	カルシウム、食物繊維
凍り豆腐	タンパク質、脂質、ナトリウム、ビタミンE、マンガン
粉わさび	アリルイソチオシアネート
胡麻	脂質、ビタミン、セサミン
米の粉	炭水化物
桜の葉	クマリン
ささげ	タンパク質、炭水化物、カリウム、リン、葉酸
さつまいも澱粉	炭水化物、カルシウム、鉄
じゃがいも澱粉	炭水化物、カリウム
蕎麦	タンパク質、ビタミン、リン、鉄分、食物繊維

大豆	タンパク質、カリウム、カルシウム、リン、葉酸
タピオカ澱粉	炭水化物、カルシウム
唐辛子	炭水化物、灰分、カリウム、ナイアシン、食物繊維
春雨	炭水化物、カルシウム
パン粉	炭水化物、ナトリウム、葉酸
米粉（ビーフン）	炭水化物
稗	タンパク質、カルシウム、ビタミンB、亜鉛、銅
ひよこ豆	タンパク質、炭水化物、カリウム、マグネシウム、葉酸
麩	タンパク質、炭水化物、カリウム、ナイアシン、鉄
干し杏	カリウム、ベータカロチン
干し芋	カリウム、ビタミンB、ビタミンC、食物繊維
干し菊	カリウム
干し椎茸	食物繊維、炭水化物、カリウム、ビタミンD、ナイアシン
干しぜんまい	炭水化物、カリウム、リン、ビタミンA、食物繊維
干し大根	炭水化物、カリウム、カルシウム、鉄、葉酸
干し貝柱	タンパク質、ナトリウム、カリウム、リン、ナイアシン
干し湯葉	タンパク質、脂質、カリウム、マグネシウム、リン
麦焦し	炭水化物、タンパク質、カリウム、リン、ナイアシン
レンズ豆	タンパク質、炭水化物、カリウム、リン、食物繊維
あおさ	ベータカロチン、ビタミンB2、葉酸、カリウム、マグネシウム
青海苔	ビタミンB1、ビタミンB2、鉄、マグネシウム
あらめ	カルシウム、ヨウ素、食物繊維
鰯節	タンパク質、ナトリウム、カリウム、リン、ナイアシン
寒天	食物繊維
銀杏藻	カルシウム、ヨード、鉄、アルギン酸
昆布	カルシウム、マグネシウム、食物繊維、ミネラル、ヨウ素

桜海老	タンパク質、ナトリウム、カリウム、カルシウム、銅
鯖節	タンパク質、カリウム、カルシウム、リン、亜鉛
水前寺海苔	鉄、カルシウム、タンパク質、ミネラル
するめ	タンパク質、カリウム、マグネシウム、リン、ナイアシン
とさか海苔	タンパク質、タウリン、アスパラギン酸
煮干し	タンパク質、ビタミンB、カリウム、イノシン酸
ひじき	カルシウム、マグネシウム、ベータカロチン、食物繊維
干し貝柱	タンパク質、ナトリウム、カリウム、リン、ナイアシン
干し鱈	タンパク質
身欠き鰊	タンパク質、ナトリウム、カリウム、リン、ビタミンD
室鯵節	タンパク質、ナトリウム、カリウム、リン、ナイアシン
わかめ	カリウム、カルシウム、マグネシウム、鉄、亜鉛

第2章　農産の乾物

第3章　海産の乾物（干物）

あおさ ［石蓴］

アオサ科の緑藻であるアオサを乾燥させた製品。

日本各地の太平洋沿岸や朝鮮半島沿岸に繁茂している。ヒトエグサ、バンドウアオとも呼ばれている。食用として養殖もされており、三重県伊勢志摩地方での生産量は市販製品の75％を占めている。沖縄県では「アーサ」とも呼ばれている。

生態　全国の沿岸の浅瀬の岩場に付着して繁茂する。海水に浮遊した状態でも生育する。穴の開いた円形の平たい海藻で質はやや硬いが大量に採取できる。乾燥して粉末状にして青粉、ふりかけなどに使われている。ノリの佃煮の原料としても利用されている。アオサは晩秋から初春にかけて採取されるが特に3月が多い。大量に繁殖して、沿岸に漂着したアオサは飼料などにも試みられている。三重県伊勢志摩沿岸、千葉県夷隅地域、沖縄県などが主な産地である。

栄養と機能性成分　βカロチン、ビタミンB_2、葉酸、カリウム、マグネシウムなどが、ほかの海草と同様に多い。

保存と利用方法　湿気を吸収しやすく、変色するので開封後は冷蔵庫保管が望ましい。特有の味と香りをもっているので、そのまま粉末状でお好み焼き、ふりかけ、ノリの佃煮の原料、酢の物、味噌汁などに利用される。

あおのり ［青海苔］

アオサ科緑藻類であるアオノリを乾燥させた製品。

アオノリと呼ばれているノリはスジアオノリ、ボウアオノリ、ヒラア

オノリ、ウスハアオノリなどのアオノリ属の海藻全般を総してアオノリと呼んでいる。世界中に分布しているが、静かな内海や河口付近の海水と真水が混じり合うところに繁茂する。低塩分区域に生育する種もあり、適応性が高い。中でもスジアオノリでつくられたノリが一番美味しいとされている。

生態　日本各地の沿岸などに分布し、晩秋から冬にかけて繁茂する。中でも高知県の四万十川で採れるものが知られている。ほかに和歌山県、徳島県、岡山県でも採取されている。清流・四万十川の天然スジアオノリは青緑色か黄緑色をし、棒状の葉体に多数の枝をだした筋状のノリである。

製造方法　四万十川のアオノリの採取は冬の寒い12月から3月にかけて、ノリ鉤という櫛状の道具で川底をかいて、ノリを引っかける。干潮の時間帯に漁に出て採取し、それを良く水洗いして寒風が吹く頃、掛け渡したロープに引っかけて乾燥させる。冬の乾燥した風にあたると独特の香りがでてくる。

主な銘柄　高知県のアオノリは海洋深層水の取水適地である室戸沖で、胞子集塊化養殖法という方法で作られている。水温15℃と安定した海洋深層水を使うことでミネラル豊富な繊維に富んだアオノリが通年生産が可能となっている。

▶**ボウアオノリ**　ヒラアオノリに似ているが少し葉体が大きい。日本や南アメリカ、ヨーロッパなどに見られ、春から初夏にかけて繁茂する。世界各地に見られスジアオノリと同じく扱われている。

▶**ヒラアオノリ**　ウスバアオノリも同様に扱われている。

▶**アオノリ粉**　アオノリを熱風乾燥させ2〜3mmに粉砕したもので、焼きそば、お好み焼きなどに使われている。

栄養と機能性成分　栄養は他のノリ類と同じであるが、特にビタミン

B₁、B₂、鉄、マグネシウム、ミネラルが豊富である。

あかもく ［赤目］

褐藻類ホンダワラ科の多年生の藻であるアカモクを乾燥させた製品。

秋田県ではギバサ、富山県ではナガモ、新潟県ではナガモなどの呼び名がある。日本海、太平洋沿岸に冬から春にかけて発生し、市場などでよく見られる。茎は円形だが体長は1mから5mにもなる。雌雄同株で細かな気泡と俵型の小葉を付ける。

栄養と機能性成分　ミネラル、食物繊維が多く粘り気のもとであるフコダインの含有量が豊富で、免疫力アップ、抗酸化、抗肥満作用が注目される。フコキサンチンは海藻中トップクラスである。

利用方法　鍋に湯を沸かし、茹でると茶褐色のアカモクが鮮やかな緑色になる。ザルにあげて水気を取り、ポン酢をかけたり、生ショウガ、醤油、麺つゆなどで食べる。料理に使うときは、水で戻してから熱湯に通すのがコツ。ざく切りならしゃきしゃきの歯ごたえだが、叩くと急に粘り出す。納豆、オクラ、山芋などの粘る食材とのダブル使いがおすすめである。

湘南の海で育つアカモク

神奈川県三浦半島相模湾の小坪海岸では良質のアカモクが採れる。沖合約1km、水深6mの海から鉤棒でアカモクを巻き上げる。海水がしたたわるうちに、丘の上の干し場に鮮度の良いうちに洗濯バサミ状のクリップで吊るす。こうして2日間日に当てると、深緑色の天日干しアカモクが完成する。

あらめ ［荒芽、荒布］

　褐藻類コンブ科の多年生藻であるアラ
メを乾燥させた製品。

　主産地である三重県伊勢志摩半島で
は7月から9月に各浜で海女が採取した
アラメがところ狭しと天日干しされてい
る。アラメは昔から伊勢神宮に供え物と
して献上されてきた。関西ではお盆にア

あらめ

ラメの煮物をつくる。京都では8月16日の朝アラメを炊き、アラメの
茹で汁を門口に流して精霊を見送る習慣がある。

　名称と生態　「あらめ」の由来は「若芽」より荒い感じがするという
意味の「荒芽」からきているといわれている。関西では「新芽」と書
き、縁起がよいとヒジキより好む傾向がある。

　生育1年目はササの葉のような形で、茎は短く葉がしわになってい
る。冬から春にかけて、茎が二つに分岐し、それぞれに細長い葉が10
枚ずつ付くため、全体を見ると大きなはたき状に見える。そして2年
目にようやく1〜2m位に育つ。2年目以降は秋に胞子を付ける。胞子
嚢で遊走子がたくさんつくられ、遊走子は波に流され岩について発芽す
る。

　また、アルギン酸の原料として、夏に採取される。

　岩手県以南から九州にかけて、太平洋沿岸と日本海沿岸に生育する。
水面下3〜5m位に生育し、アワビなど貝類をふくむ無脊椎動物や魚類
の産卵、稚魚の成育場として重要な役割を担っている。

　製造方法　採取したアラメを天日乾燥し、水戻ししてから塩抜きす

る。その後、ボイルしてから、プレス、裁断、乾燥させる。

栄養と機能性成分　ほかの褐藻類と同様、カルシウム、ヨウ素、食物繊維などを多く含む。

利用方法　水で戻して、水気を切ってから味噌汁に入れたり佃煮などにして利用する。アラメから抽出したアルギン酸などの多糖類は、アイスクリームやゼリー菓子、ジャム、マヨネーズの増粘剤に利用されている。

また、化粧品のローション、クリーム、練り歯磨きなどの基礎剤となっている。コンニャクの中の黒い点々は、アラメの粉を微粉末にしたもので色付けしたものである（ヒジキの粉も使う）。

いわしぶし［鰯節］

イワシ科の海水魚であるカタクチイワシや、ニシン科の海水魚であるマイワシ、ウルメイワシでつくった削り節。これらの魚は煮干しに加工されることが多いが、魚体が大きい場合は削り節に加工される。内臓を取り除かずにそのまま煮熟するため、はらわた特有の苦みがある。クセの強いだしが取れるため、単体よりもほかの削り節と合わせて利用されることが多い。

かじめ［搗布］

コンブ科の褐藻類の一種であるカジメを乾燥させた製品。

長い茎部の先に「はたき」のような葉を持っている。カジメはアラメに似ており、地方ではアラメとカジメを区別せず同じものとして呼んでいるところもある。しかし、カジメは茎部が枝分かれしないのに対して、

アラメは二つに分岐している。またカジメは側葉の表面が波打たずに平滑である。水深2〜10mの岩に群落している海藻である。

　生態　日本では主に本州中部の太平洋側と九州北部などに生育する。能登半島輪島ではツルアラメと呼ばれており、1〜5月に海女が海の中から刈り取る。一度茹でてから千切りにして干しあげる。また、九州北部では味噌汁の具にしたり、佃煮にする。湯船に入れて入浴する「かじめの湯」という習慣もある。古くからヨードチンキなどの薬品に使われている。アラメより高価である。アラメにくらべてアルギン酸の含有量が多いため、カジメはのほうがよく粘る。ほかの海藻類と同じくネバネバが特徴だが、食べ方は同じである。

かつおぶし ［鰹節］

　カツオの頭と内臓を除去して蒸し焼きにしたのち、本乾きになるまで焙乾した製品。

　初夏に黒潮にのって日本の太平洋岸を北上してくるカツオを原料とするため、カツオ節の製造期間は夏季から秋季までとされてきた。しかし、近年は遠洋漁業と冷凍施設の充実により、年間を通しての製造が可能になった。

　名称　カツオ節の原料魚はカツオである。カツオは世界の暖流に生息する回遊魚である。日本には、春黒潮にのって太平洋岸を北上して、北海道沖に達し、秋になると南下する。

　古くから食用にされ、『古事記』には神饌として「堅魚」と記されている。伊勢神宮や出雲大社などの屋根の上に「堅魚木」と呼ばれるカツオに似た形の飾り木が置かれているのはその名残りという。

　奈良時代の『大宝律令』、平安時代の『延喜式』にも「堅魚」の記載

がある。カツオの加工品が当時、税の賦課役品とした、などとも記されてもいる。この頃は干すだけの天日乾燥であったが、室町時代になると木炭を使った加熱方法が行われ、「煮堅魚」も火であぶって乾燥させる焙乾法による「かつおぶし」となり、保存性が高まった。語源については鰹を干す「カツオホシ」が節に転じたとか、煙でいぶすから「カツオイブシ」など、諸説あるようだ。

　本枯れ節は、焙乾した後二度以上カビ付けした製法で、江戸時代初期に紀州（和歌山県）の漁師から伝えられたとする伝承が土佐、薩摩、房総、さらに伊豆半島にも残っている。本枯れ節の製法は、紀州出身の基次郎が土佐に移って改良を重ね、二代目が18世紀初めに完成したとされている。

　焙乾しただけでは酸化しやすく有害菌が繁殖して長期保存が出来なかった。優良なカビ菌をつけて脂肪分を分解し酸化を防ぎ長期保存が出来るようになった。

　カツオ節を太陽の方向に並べて干し、干してはしまい、これを繰り返すうちに青みが消えて水分が抜けることで、たたくとカーンと澄んだ金属音がするようになる。生のカツオがここまでに至るには半年からの時間と手間がかかる。

　明治以降、市民の一部ではだしを取るようになって、家庭でも削り器が登場し、カツオ節の需要も伸びてきたが、1969年（昭和44）、パック入りの削り節が続々と発売され、食の洋風化とインスタント、化学調味料などにより、かつお削り器は徐々に姿を消すようになってきた。カツオ節を削るのは子供の仕事のような時代も消えてしまった。カツオ節が武士に勝つ「鰹武士」「勝つ男」から赤ちゃんが生まれた時のお祝いに、さらに七五三や入学祝い、病気の快気祝いなどの縁起を担ぎ、本節の背中のほうを雄節、お腹のほうを雌節と呼び雄節と雌節を合わせるとぴた

りと合うことから仲睦まじい夫婦になってほしい夫婦節、また腹側が亀の甲羅に似ていることなど、お祝いの引き出物に多く使われた時代がある。

　現在市販されているパック入りのカツオ節は機械で荒節を使っているが、最近は削り機械の性能が良くなり、硬い本枯れ節でも効率よく削れるようになり、本枯れ節の需要もわずかであるが伸びている。

　生産　現在、カツオ節を大量に効率よく製造するために、多くの製造工場では、陪乾する時に熱風を強制的に循環させる方法をとっている。

　しかし、伝統的な製法、「手火山式」で製造する工場も残っている。手火山式は、地中に穴を掘って薪を燃やし、自然にまかせてじっくりと燻していくのが特徴である。冷房もない工場で、直下熱の上がったところに黙々とカツオを入れた籠を並べる職人がなせる業の製法も残されている。

　伝統的なカツオ節の主要な生産地は、鹿児島県の枕崎、山川地方で生産量の大部分をしめている。サバ節は熊本県がトップである。ほかの節もあるがすべての削り節を合わせて合計した生産量は1位鹿児島県、2位静岡県焼津、3位熊本県である。

カツオ節県別生産量

全国生産量　32,265トン
鹿児島県70.9%　静岡県25.6%　高知県1.1%　その他2.3%

サバ節の県別生産量

全国生産量　12,389トン
熊本県37.7%　静岡県27.5%　鹿児島県20.5%　和歌山県10.8%　千葉県1.3%
その他3.6%

参考資料2012年農林水産省大臣官房統計部調べ

カツオ節の製造工程

①生カツオ　以前は一本釣りで漁獲していたが、現在は巻き網による

ものが増えてきている。赤道直下の遠洋から小笠原諸島、八丈島などから大型化した漁船で漁獲されている。

②輸送　漁獲されたカツオは、近海物は水氷で保管し、遠洋物は超低温急速冷凍（− 30℃〜−50℃）にて保管して持ち帰る。

③生切り　カツオは、頭を切り、内臓を取り除き水洗いした後、3枚に下ろす。3kg以下の魚は2枚の亀節が、それ以上の大型カツオからは本節（背節2本、腹節2本）が4本取れる。

④籠立て　4つ割のカツオを煮籠に並べる。

⑤煮熟　通常は80℃〜85℃、きわめて鮮度が良いときは75℃〜80℃に調整された煮釜に、煮籠を10枚ほど重ねて入れる。その後97℃から98℃に温度を上げて、亀節で45分〜60分、本節で60〜90分煮熟する。

⑥骨抜き　煮熟が終わったら籠を取り出し、風通しの良いところで冷やして身を引き締める。こ

②輸送

③生切り

④籠立て

⑤煮熟

れをナマリ節という。その後、水を満たした水槽に入れ、水中で節を取り上げ骨抜きをする。背皮を頭部から全体の2分の1〜3分の1ほど剥ぎ取り、皮下脂肪をこすり取る。

⑦**水抜き・焙乾**　骨抜きした節はせいろに並べて火の上で焙乾して水分を抜く。焙乾は摂氏85℃〜90℃で1時間ほど行う。まだ、この時点では水分が多いので保存性は低い状態である。

⑧**修繕**　1番火の翌日、骨抜きなどで損傷した部分を修繕する。修繕には煮熟肉と生肉を2対1の割合で良く摺りつぶして混ぜ裏ごしにかけた「そくひ」を使う。なお修繕の肉は3枚に下したときの中骨についた肉を使う。

⑨**間歇焙乾**　修繕を終えたものはせいろにもう一度並べて焙乾する。これを2番火という。亀節では8番火位まで、本節では10〜15番火まで焙乾する。一気に焙乾すると、表面が乾くだけ

⑥骨抜き

⑦水抜き・焙乾

⑧修繕

⑨間歇焙乾

で、中の水分が取れにくいので
何度も繰り返す。回数を重ねる
たびに焙乾温度を低く、焙乾時
間は長くしていく。

　この作業で水分は28％くら
いまで低下する。焙乾後の節は
表面がタールに覆われているの
でザラザラしている。これを荒
節、鬼節と呼んでいる。焙乾は
水分を取ること以外に、菌の増
殖や酸化防止し、香気をつける
などを目的に行われる。

⑩削り

⑪カビつけ

⑩**削り**　荒節（鬼節）を半日くら
い干し、2〜3日放置しておく
と、表面が湿気を帯びて柔らか
くなる。それを形を整え、カ
ビが付きやすいように、表面の
タール分やにじみでた脂肪分を
削り落とす。削り上げた節は赤
褐色なので、これを裸節または
赤むきという。

⑫日乾

⑪**カビつけ**　裸節を2〜3日干し、安全性が確認されている純粋培養
した優良カツオ節のカビを植菌し温度、湿度が管理された室で貯蔵
する。6日くらいでカビが付くが、これを一番カビという。さらに
室から取り出し日乾し、ブラシで一番カビを払い落とし、放冷した
後、再び室に入れる。同様の作業を繰り返し、普通四番カビから六

番カビまで行い終了する。これを本枯れ節と呼ぶ。

　カビつけの目的は、節の乾燥度の指標になる皮下脂肪が減少し香気が発生する、だし汁が透明になる水分が減少するなどのために行う。

手火山焙乾

⑫日乾　以上の製造工程にはおよそ120日を要し、生で5kgのカツオは本枯れ節になると800 〜 900gになる。

⑬本節、亀節の製品　生切り作業から製品の形になるま4カ月以上もかかり重量比で約6分の1になる。厳しい検査の後、包装、箱詰めされて製品として出荷される。また花かつおなどの製品は加工工場に原料として納める。表面が淡い茶褐色で、叩き合わせると「カーン」という澄んだ余韻の音がするものが、良質といえる。まさに味の芸術品、手間、暇かけて作られる逸品である。

　　　　　　　　　（写真と本工程は焼津株式会社丸栄工場に提供してもらいました。）

＊焙乾方法は地方、企業によって方法が違い、薩摩焙乾、手火山焙乾などの方法が取られています、また製造方法や過程も違います。

生カツオからカツオ節への重量歩留まり

生カツオ	100%	利用部分	75%
なまり節	50%	荒節	22%
本枯れ節	15%		

　生カツオの重さ約4.5kg、水分約70％を加工すると、カツオ荒節で、重さ970g、水分24％となる。本枯れ節は重さ650g、水分15％となる。

　主な種類　カツオ節の品質は原料である生カツオに左右されるといわれていたが、現在は主に南方で漁獲し、冷凍されて日本まで運ばれたカツオを加工しているので、産地による原料の差はあまりない。それよりも、加工する過程の違いによりカツオ節の味、香りが大きく異なるため、カツオ節には原料の形状による種類分けと、加工工程による種類分けがある。

原料の形状による種類分け

▶**本節**　約3kg以上のカツオを三枚に下ろし、さらに半身を二等分して、四枚に下ろしてから加工した製品。背中の部分を「雄節」腹の部分を「雌節」という。

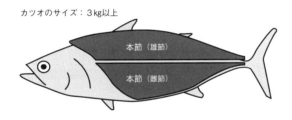

カツオのサイズ：3kg以上

▶**亀節**　約3kg以下のカツオ節を三枚に下ろし、小さいものは、半身のままで加工した製品。亀の甲羅に似ていることから「亀節」と呼ばれるようになった。年々生産量が少なくなり、また、良質なものも少なくなってきたため、流通しなくなってきている。

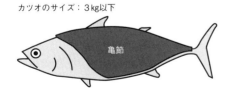

カツオのサイズ：3kg以下

加工工程による種類分け

▶**枯れ節**　荒節の表面のタール部分を削り、裸節にしてからカビ付けして、天日乾燥した製品。いぶし臭み、生臭みが弱く、カビ付け節特有

の上品な香りがある。だしとしても上品で、うま味、コク味が強く、味はしっかりしている。薄削りの削り花はコシは弱く、ザラつきが少ない。

　▶**荒節**　カツオを煮沸して燻蒸し、水分が20％になるまで乾燥した製品。カビはこの段階ではまだ付けない。いぶし臭がやや強く、生臭みが少し感じられる。だしとしては、うま味、コク味はしっかりしているが、やや生臭みがある。荒節を削ったのが「花カツオ」、関西でよく売れる。関東は枯れ節がよく売れる。

枯れ節

荒節

カツオとその他の加工品

　▶**厚削り節**　荒節を厚く削った製品。カビ付け前の比較的柔らかいカツオ節でないと厚く削ることができないためほとんどが荒節で作られる。厚さは0.5㎜〜0.7㎜前後である。風味が強いだしが取れるため、蕎麦店のだし、返しつゆ、煮物のだしに使われる。

　▶**薄削り節**　本節を薄く削った製品。「花カツオ」の商品名で販売されていることが多い。おひたし、お好み焼き、タコ焼きやせん細なだしが取れるためお吸物や合わせだしに使う。

　▶**宗田カツオ節**　宗田節は、メジカ、ササメジカ、寒メジカなど1〜3月に獲れる寒メジカにカビ付けした製品。関東では好まれる。いぶし臭が強く、味はやや渋みがあるが、コク味は強い。だしは、黄色みが強く、クセがあるため、単品ではあまり使用されない。そばつゆ、煮物のだしに向く。

▶マグロ荒亀節　大型キハダマグロ、小型のキメジなど1.5kg〜3kgのものを加工した製品。関東ではメジ節、関西ではシビ節などという。少し味が淡泊で色薄く上品な椀物として高級割烹などで好まれる。糸マグロ削りなどとしても使う。

厚削り節

▶サバ節　ゴマサバ、ヒラサバなどで脂部分の少ないものを使う。サバ特有の生臭みと脂の酸化臭がある。特有のコクと甘味があるやや黄色味の強いだしである。味噌汁、うどん、煮もののだしにする。

薄削り節

▶イワシ節　イワシ特有の生臭みと脂の酸化臭がある。やや苦みと渋みがあり、少し濁りがみられるだしである。味噌汁、うどん、煮物のだしにする。

栄養と機能性成分　カツオ節のうま味主成分イノシン酸である。

また70％以上がタンパク質である。ビタミンB群、ビタミンD、カリウム、カルシウム、マグネシウム、リン、鉄、銅などのミネラルも豊富に含まれる。タンパク質は多いだけでなく質の良さも大切で、人が体内でつくることができない9種類の必須アミノ酸を含み、カルシウムの吸収など促すリジンが多い。そのためリジンの少ないご飯にカツオ節を混ぜればバランスがいいと人気がある。

削り節を煮出しただしには、水溶性のビタミンB群やミネラルが溶け出しているが、これらも量が少ないので、多くは期待できない。カツオは他の魚に比べてうま味のイノシン酸が豊富だが、カツオ節は焙乾と

カビの作用でイノシン酸はさらに増加する。イノシン酸は削り節を煮だしただしにも豊富に溶け出す。イノシン酸のうま味成分は減塩効果が期待できる。

タンパク質の少ない食事では、塩味に対して感受性が低下するといわれる。メカニズムは解明されていないが、肉や魚料理にカツオだしのきいた汁物を添えれば薄味でもおいしく感じられる。

ビタミンDは脂溶性なので、だしがらの中に残っている。だしがらをふりかけにして青菜や豆腐に添えれば、カルシウムの吸収の効果がある。

保存方法　保存で最も注意することは、高温多湿を避けることである。特に店舗の場合は、湿気のこもりやすい厨房内などは保存場所としては良くない環境にある。業務で箱単位で枯れ節を保存する場合は、カツオ節に付けた優良カビが皮膜となって保存性を高めるので直射日光、高温多湿を避けた「冷暗所」であれば、常温保管でも問題ない。ただし、温度、湿度の上がってくる梅雨時から夏場は、カツオ節特有の小さな虫が発生することがあるが、この虫は有害なものではないので虫が発生したら、よく晴れた日に日向で干せば虫は逃げていく。

枯れ節を冷蔵庫に保存した場合は、カビ菌の成長が止まり乾燥熟成は進まなくなり、品質の劣化を防ぐことはできる。ただし、結露や野菜類の湿度が高い保湿性の食材と一緒にすると青カビなどの有害なカビの発生を招きますのでラップしてから保存する。

本枯れ節の場合は、湿度管理しておけば2〜3年保存できるが注意しなければならないのが一般のカビである。温度が25℃〜30℃、湿度が80%超えるとカビが急激に繁殖する。害虫も湿気を好みます。削り節は削ってから30分位から酸化が進む。市販の花カツオはガス置換して販売しているが、開封したら袋に入れて密閉して冷蔵庫で保存する。開封

すると、味、風み、酸化と急激に進むので、なるべく早く使い切るようにしたい。開封しなくても製造月日から6カ月くらいがよい。

　食用油にカツオ節粉末を混ぜると香りの効果が高くなり倍増する。カツオオイルを使ってカルパッチョは最高。
　パックもので本枯れ節の表示は「かつお枯れ節」、荒節は「かつお削り節」です。

かんてん ［寒天］

　ところてん（心太）を冷凍し乾燥させた製品。

　江戸時代初期、京都伏見の旅館「美濃屋」の主人美濃屋太郎左衛門がところてんを外に出しておいたところ、冬の寒さで夜中に凍りそれが日中に溶けて水分が抜け、

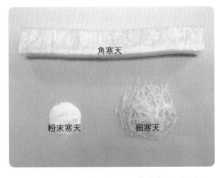

角寒天

粉末寒天　　　　　細寒天

ところてんが干物のようになったという。これから寒天の製法が生まれたと言われている。

　その後寒天は摂津の国（現、大阪府摂津市）の宮田半平により原藻の配合や製造に手が加えられ、京都、大阪などでようかんなどの和菓子の材料として発展してきた。ちなみに寒天と命名したのは、中国から帰化した隠元禅師が、寒い空、冬の空を意味する漢語から「寒天」にしたという。また、寒晒心太の意味を込めて寒天が定着したと伝えられている。

　信州・諏訪の行商人、小林粂左衛門が丹波の寒天を見て、これは雪や

雨の少ない乾燥気候で日照時間が短く、昼夜の寒暖差が大きい信州で農家の副業にぴったりだと製法を持ち帰ったという。材料のテングサは大阪方面から、やがて伊豆から買うようになった。

寒天の原料と産地　テングサは紅藻類テングサ科の海藻でマクサ、ヒラクサなどの総称。「テングサ」と「オゴノリ」に大別される。5属28種の総称をいう。

▶**テングサ**　日本の太平洋から日本海に分布し質も良く、特に西伊豆の仁科浜などで採れるものが品質が良い。

▶**オゴノリ**　熊本、有明、四国、千葉などで採れるほか、オバグサ、トリアシ、イタニグサなどあるが名前の呼び名が違うが同じものもある。

国内産のテングサは収穫量が少なく、現在はモロッコ850t、チリ850t、アルゼンチン、インドネシア302t、韓国635t、地中海沿岸部などから輸入されている。

製造方法　12月の半ばから3月上旬、マイナス7〜8℃の寒気が3日続けば開始される。

①天草の原藻には雑物がついているので、水で良く洗い、干しながらほかの海藻などが混じっていないか確認して選別を行う。

②大きなコンクリートの枠の中の水槽に浸け、アク抜きをする。

③釜の中に入れてから17〜18時間ほど煮る。

④じっくりと煮混んだら十分に成分が出たのを確認してかんてん液を濾過する。布で濾しながら「もろぶた」に注ぐ。

⑤常温で固める。

⑥固まった生天を包丁で切ったものを幾重にも重ね、干し場に運ぶ。

⑦イネを刈り取った田んぼに棚を作り簀子（すのこ）を敷き、その上に生天を並べ注射というクギで穴をあける。

⑧角寒天になったときに曲がらないよう外気温で自然凍結させる。これを2週間くらい繰り返すことで、完全に水分を飛ばす。

テングサを採取するときに使う「マンガ」

⑨乾燥にむらが出ないように屋根の付いた小屋で扇風機を当てて完全に乾かして仕上げる。

⑩生天が寒天となる。

　この生天を乾場に並べ凍らせると生天の表面が凍って繊細な模様を描く。これを「氷の花」と呼び、凍み具合がわかる。

テングサを天日干しするようす

　天然の冷蔵庫は気温の変化によって、品質がむらになる。雪が降ると凍りにくくなり、黄色に雪焼けしてしまう。天気の状態を見て乾燥室に入れたりを繰り返し約2週間、一本600gの生天が約7.5gになる。半透明から真っ白に乾けば完成、常温保存する。600本を束ねて保管する。

　テングサ100%にオゴノリ20%、オゴノリは粘着が少し弱いが四角に形ができるし、原価も安い、特に粉末寒天に使っている。

食物繊維の効能

▶**便通改善**　水分を多く保持することで便の量が増加する。腸管に作用してぜん動運動を活発化し、スムーズな排便を保持する。

▶**肥満予防**　かさ増し効果により満腹感がえられ、肥満を予防する。

▶**コレステロール低下**　血中のコレステロール値を低下させ、動脈硬化を予防する。

▶**糖尿病の予防**　胃が内容物を送り出すスピードが遅くなり、腸壁で

の糖質の吸収もおだやかになる。それに伴い、食後の血糖値上昇も穏やかになる。

寒天は食物繊維の王様

食物繊維含有量は寒天 74.1%、ひじき 43.3%、干し椎茸 41.0%、さつまいも 5.7%、ゴボウ 2.7%である。(「日本食品標準成分表 2010」より)

寒天はノーカロリー

たくさん食べても太る心配はない。お腹の中でゼリー状態になれるので、つらい空腹感を保ちダイエット効果があり、無理なく続けられる。寒天の成分アガロオリゴ糖から生成されおなかの調子を整える。ノンカロリー。

寒天が医薬品

「粘滑薬」「包括薬」として、慢性便秘に、水に溶かすか粉末として服用する。あるいは配合剤として、整腸剤等に使われること等が「日本薬局方」に記載されている。

最先端のバイオテクノロジー

細菌検査、組織培養の培地、化粧品、医薬品、DNA 鑑定など世界保健機構（WHO）や米国食品医薬局（FDA）でも「摂取制限」のない安全な食品として認められている。

アガロオリゴ糖がいい

年齢を重ねると、関節の働きを滑らかにする成分の合成よりも、分解する速度のほうが速くなってしまう。分解するのは炎症性タンパク質と軟骨成分分解酵素という二つの悪玉物質の産生をおさえ節々を守る効果がある。

寒天とゼラチンの違い

寒天は食物繊維なのに対して、ゼラチンは動物性です。ゼラチンは牛や豚の皮や骨から作られる動物性タンパク質、ゼリーの固まる温度はカンテンは 35 〜 40℃、ゼラチンは 15 〜 20℃、溶け出す温度は寒天が 85 〜

95℃と高いのに比べゼラチンは20〜30℃と低いので夏の気温では溶け出してしまう。

　寒天の主成分は、アガロース、アガペクチン、ゼラチンはコラーゲンです。カロリーは、寒天が5kcalカロリー未満に対して、ゼラチンは340kcal。

	寒天	ゼラチン
原料	紅藻類テングサ、オゴノリ	牛骨、牛皮、豚皮
主成分	アガロース、アガロペクチン	コラーゲン
カロリー	100g 当たり5kcal未満	約340kcal
凝固温度	35 〜 40℃	15 〜 20℃
融解温度	85 〜 95℃	20 〜 30℃

ぎんなんそう ［銀杏藻］

　スギノリ科の紅藻類であるギンナンソウを乾燥させた製品。日本名は「アカバギンナンソウ」「仏の耳」「福耳」「角又」などの呼び名がある。ギンナンソウを広げると耳の形やシカの角、鶏冠などに似ていることから、地方によってこの名がついた。

ぎんなんそう

生態　北海道日高地区の襟裳岬、北稚内、利尻島などの岩礁に繁茂し、昆布の採取期より早く1〜3月頃が採取期である。寒風が吹く春先、漁師が採取する。漁場は水深0.2〜1.0mの岩盤域でウエットスーツを着用し、覗きメガネで海中を探しながら素手またはタモ網で採取する。採

取したギンナンソウは、陸上で雑物を除去し、乾燥させた後、根元部分をハサミで切り取る。

栄養と用途　フコダイン、カルシウム、ヨード、鉄分、ミネラル、アルギン酸などを多くを含む。味噌汁やラーメンの具にそのまま入れたり、酢の物やきゅうりの三杯酢などで食べる。

建築材として寺社、民家、土蔵など木や土で作る内外壁の上塗り剤に用いられたり、煮出して抽出した糊として使用される。

こうなご［小女子］

イカナゴ科の海水漁であるイカナゴの稚魚を乾燥させた製品。

北日本沿岸、瀬戸内海、太平洋沿岸の日本各地に生息する。東日本ではコウナゴ、西日本ではシンコもしくはイカナゴという。

生態　稚魚が1〜2cm程に成長するとチリメンジャコと呼ばれさらに成長して全長20〜30cmほどになると北海道では大女子、東北では女郎人（めろうど）と呼ばれる。西日本では古背など呼び名が多くある。9月に漁が解禁になるため3月中旬〜4月にピークを迎える。生で食べることができるが、釜揚げ、クギ煮、乾燥させて「ちりめん」として加工する。クギ煮は関西ではこの時期に大変人気があり、煮沸する新鮮な魚はクギのように曲がることから佃煮にこの呼び名がついたという。

コウナゴとシラスの違い
シラスは主にマイワシ、カタクチイワシ、ウルメイワシなど体に色がなく白い稚魚で総称で「シラス」という。コウナゴはイカナゴの稚魚でスズキ科、脂肪分が多いため黄色がかった体が特徴、見た目は似ているがシラスは顔が丸いのに対してコウナゴは鋭く尖っている。チリメンジャコはシ

ラスをさらに長い時間乾燥させたものである。

こまい［氷下魚］

コマイはタラ科のマダラ、スケソウタラと並ぶ魚で、それを乾燥させた製品。

白身の魚で、アイヌ語で「小さな音の出る魚」の意味をもつ。氷の張った低温水で産卵する。北海道では氷の下に網をいれて漁獲することから「氷下魚」と書

こまい

かれたといわれる。コマイは出世魚で体調が15cm位で「ゴタッペ」、16〜25cm「コマイ」、30〜40cm前後「オオマイ」などと呼ばれている。

生態　日本海、オホーツク海など北太平洋に生息する。全長は40cm前後で、産卵期は1〜3月の厳冬期である。下あごのひげが短いのが特徴で、スケソウタラ、マダラと区別することができる。水揚げしたら、新鮮なうちに内臓を取り除き、きれいに洗い、適量の塩加減で一晩浸ける。そののち、浜でオホーツクから吹く風に当てる。また天気の良い日には日光に当てて余分な水分を飛ばし、天日干しにする。

保存と利用　そのまま炙って食べることができるが、金槌でたたき、皮をむいて身を骨から離すと食べやすい。マヨネーズ、七味唐辛子などを付けて食べる、酒の肴に良い。冷蔵庫にて保存する。

こんぶ［昆布］

褐藻類コンブ科の海藻であるコンブを天日干しにして乾燥した製品。

コンブは中国での綸布（カンブ）の発音からコンブになり、日本では広布（ヒロメ）がコンブになったという。アイヌ語のコンプ、コンポから、などの説があるがいずれもはっきりはしていない。

コンブの歴史は古く、平安中期の法典である『延喜式』(927) にもその名が記載されている。日本では東北以北でしか採られていなかったコンブは、蝦夷地の開拓が進むにつれて生産地が広がり、重要な交易品として生産量が増えた。

そして、日本海経由の北前船の「こんぶロード」が開かれた。江戸時代になると福井、滋賀、大坂と市場が拡大され、「北前船」が日本海を南下し、関門海峡から瀬戸内海を経て京都、大坂に至る「西廻り航路」となり、全国に出荷されるようになった。また、九州経由で沖縄にも運ばれ珍重されてきた。現在では日高地方を除き、各産地では天然のほか、養殖、促成栽培が開発されているが近年は不作である。

生態　コンブは日本では14属45種類が生息しているが、市場に流通している国内産の昆布の生産はほとんどが北海道で採取されている。日本産のコンブ類12属の分布は、寒流系と暖流系に分かれる。海流によって採れる産地、種類も分かれる。

外海に面した波の荒い岩礁地帯の水深5〜7m付近に生育する。葉体は根、茎、葉の3部分よりなる。遊走子嚢は葉に形成される。帯状の胞子体は、夏に繁殖期を迎え、秋から翌春にかけて成長する。2年目からは1年体の外側に重なって成長し肉厚になる。寿命は2年から3年である。

コンブは海中で光合成を行なって成長する。大きさは2mから大きいもので10mにもなり、幅は60cm以上に成長するものもある。胞子体は2年目も繁殖期を終えた7月ごろから2年体として肉厚の良質なものとなる。採取期は7〜9月で、産地ごとに異なり、7月以前に早く採る2年体を「棹前昆布」という。浜での拾いコンブは年間を通して行なわれている。

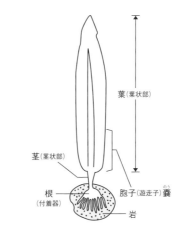

養殖昆布の場合は、栄養塩基類の入った大きなプールに1年ほど浸けて成長を早めておいてから養成網ロープに幼体を付けて浮き球（フロート）とともに海に流す。養殖は戦後から始まった。

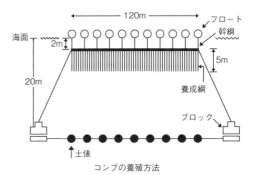

コンブの養殖方法

製造方法　採取方法は、マッカという棒状の棹の先が二股になっている道具を使って、これに巻きつけたりして引き抜く。採取したコンブを舟に乗せて海岸まで運び、海水で回転ブラシを使って雑物を洗い流す。そして根を切り、海辺の海岸に並べて伸ばしながら天日乾燥する。乾燥した昆布は、加工所に運び積み重ねて保存して、不良部分を切り取ったり、耳を切ったりしながら、1年間かけて加工する。この加工は大変な作業で、折ったり、曲げたり、伸ばしたりする。

採取時期により品質が異なり、「走り採り」「後採り」「夏採り」「秋採り」などの呼び名があるが種類等複雑であるので日本農林規格、北海道水産物検査条例などで規格が定められている。現在、「元揃昆布」「折昆布」「長切昆布」「棒昆布」「雑昆布」に定められ、検査基準に基づき等級が付けられて出荷されている。

採取されたばかりの真昆布

主な種類

▶**真昆布**　函館から恵山岬を経て室蘭東部に至る沿岸、茅部地区にかけての道南地方に生息する。

天日干しをする真こんぶ

淡白で澄んだだしが出ることから「だしコンブ」として珍重される。生育する浜によって、その特徴や利用方法は異なる。

- **白口浜**（しろくちはま）　古部から鹿浜、木直、尾札部、川汲、臼尻、大船、鹿部、砂原等の浜で採取される。表皮は褐色で切り口は白いのでだしが濁らず上品な味がでることから最高級品として扱われている。葉が肉厚なため、塩コンブ、佃煮、おぼろコンブ、とろろコンブなど加工用にも使われている。

- **黒口浜**（くろくちはま）　椴法華、恵山、尻岸内、東戸井、西戸井、日浦の浜などで採取される。表皮は褐色で切り口が黒い、風味がよくだしが澄んで、味もコクがあり高級だし昆布として好まれている。

- **本場折浜**（ほんばおれはま）　西戸井、小安、石崎、宇賀、根崎、函館の浜で採取される。だしはやや淡白だが、清澄で質の良い昆布、沖採りの一等品は折

れ昆布として結納用、神前用などに用いられ、岸採りは肉質が厚くだ
しや酢昆布、昆布茶、かまぼこなどにされる。

・茅部折浜 砂原、森、落部、八雲等の浜で採取。肉厚でだし昆布と
して使われている。かざり昆布などにも使われている。

▶籠目昆布 道南地区の白口浜から黒口浜、本場折浜の一帯に生息し
ており、表面は凹凸状で籠の目ににており、粘りが強くとろろ分が多く
フコダインを多く含むことから最近珍重されてきている、とろろ昆布、
おぼろ昆布など加工用に使えわれている。

▶三石昆布（日高昆布） 日高浜、富浜、厚賀、静内、三石、井寒台、
浦賀、様似、えりも岬、庶野、目黒の浜に生息する。

一般的には総じて日高昆布として表示している。色は濃緑に黒味を帯
びている。だし昆布、加工昆布として広く使われており、煮物、佃煮な
どに使われる。煮あがりが早いので昆布巻、豆昆布、惣菜などに適して
いる。

▶長昆布（棹前昆布、長昆布、厚葉昆布の三種類に分類される） 道東の
釧路から根室にかけての太平洋沿岸の岩礁地帯に生息する。三石昆布の
仲間だがさらに細く、最長10mから20mに生育する。

・棹前昆布 歯舞、根室、落石、昆布森、浜中、散布、厚岸の浜に生
息する。5〜6月に採取される長昆布で、柔らかいので「野菜昆布」
とも呼ばれる。おでん、早煮昆布等に用いられ、一般家庭での地方色
の料理用として人気がある。

・長昆布 棹前地区と同じ一帯に生息し、表皮は灰色を帯びた黒色。
根室では無砂長、釧路では特長と呼ばれ、だしに若干の甘味があり三
石昆布の仲間、主に昆布巻、佃煮、おでんなどに用いられている。

・厚葉昆布 棹前、長昆布と同じ一帯に生息し、表皮は黒色で白粉を
生じるものが多い、葉幅広く肉厚。佃煮、昆布巻、塩ふき昆布、おば

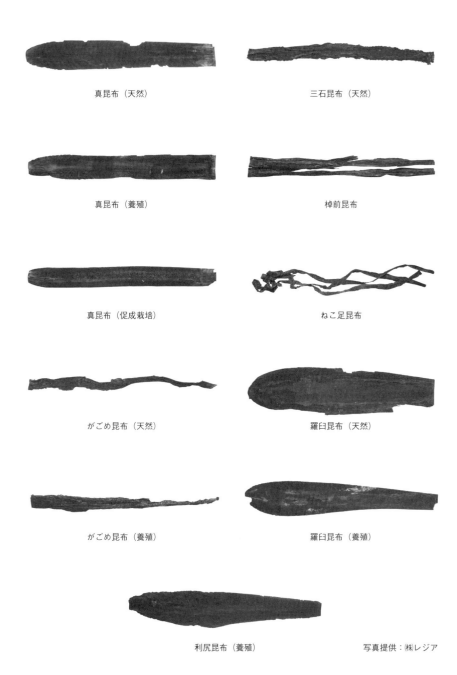

真昆布（天然）

三石昆布（天然）

真昆布（養殖）

樺前昆布

真昆布（促成栽培）

ねこ足昆布

がごめ昆布（天然）

羅臼昆布（天然）

がごめ昆布（養殖）

羅臼昆布（養殖）

利尻昆布（養殖）

写真提供：㈱レジア

第3章 海産の乾物（干物）

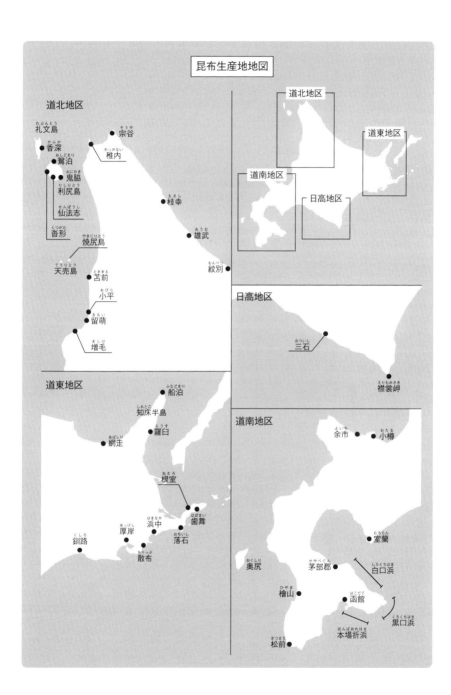

昆布生産地地図

道北地区

礼文島（れぶんとう）
香深（かぶか）
鴛泊（おしどまり）
鬼脇（おにわき）
利尻島（りしりとう）
仙法志（せんぽうし）
沓形（くつがた）
焼尻島（やきじりとう）
天売島（てうりとう）
宗谷（そうや）
稚内（わっかない）
枝幸（えさし）
雄武（おうむ）
苫前（とままえ）
小平（おびら）
留萌（るもい）
増毛（ましけ）
紋別（もんべつ）

道北地区
道東地区
道南地区
日高地区

日高地区

三石（みついし）
襟裳岬（えりもみさき）

道東地区

船泊（ふなどまり）
知床半島（しれとこ）
羅臼（らうす）
網走（あばしり）
根室（ねむろ）
浜中（はまなか）
歯舞（はぼまい）
厚岸（あっけし）
落石（おちいし）
釧路（くしろ）
散布（ちりっぷ）

道南地区

余市（よいち）
小樽（おたる）
室蘭（むろらん）
奥尻（おくしり）
茅部郡（かやべぐん）
白口浜（しろくちはま）
檜山（ひやま）
函館（はこだて）
黒口浜（くろくちはま）
本場折浜（ほんばおれはま）
松前（まつまえ）

ろ昆布、とろろ昆布などに用いられる。だしを取るときに臭いがよいので、だし昆布として使われることもある。

▶ねこ足昆布　歯舞、根室、落石、厚岸、散布、浜中の浜に生息する。主に加工用として使われている。

▶くきなが昆布　主に根室沿岸に生息。濃い茶色、葉幅広く、肉厚で両部が広く、ヒダが多い。2年目の秋に採取したものを「春くきなが」（3年目の7月中旬以前に採取したもの）3年目の7月中旬以降に採取したものを「大厚葉」と呼ぶ。

▶羅臼昆布　羅臼地区に生息する。表皮の色から赤口と黒口に区分されており、黒口は半島突端寄り、赤口は半島南寄りに比較的多い。

味が濃く、香りがとても良く名品として人気がある。特に関東地方で好まれるがだしが濁る欠点はあるが、道南昆布に匹敵する高級銘柄である。進物用、だし昆布として口あたりがよいのでそのまま細切りにして食べても美味しい。

▶鬼昆布　根室、厚岸に生息する。「長切」と「折れ」があり主にだし昆布として使用される。

▶細目昆布　留萌、苦前、小平、増毛、天売、焼尻、小樽、余市、桧山、松前に生息する。黒色を呈するが切り口は全てのコンブのうち最も白い、一年目の夏に採取。比較的幅のある細目昆布はだし昆布として用いられる。煮物、きざみ昆布、納豆昆布、松前漬などに利用される。

▶ややん昆布　室蘭の浜に生息する。真昆布に似ているが、葉元が鋭角状となっている。磯臭い味がする。加工用、だし昆布に使用される。

▶利尻昆布　礼文島の香深、船泊、利尻島の鷺泊、鬼脇、沓形、仙法志。稚内、宗谷、枝幸、雄武、紋別、網走の浜に生息する。表皮は黒褐色で真昆布に比べて硬い感じがする。だしは清澄で香り高く、特有の風味が喜ばれる高級品である。だしを取った後のコンブは佃煮、煮物などに使

う。味のある昆布なのでおぼろ昆布、とろろ昆布等加工用に用いられる、京都の千枚漬けや湯豆腐にも定評がある。

加工品

▶**とろろ昆布**　酢に浸けて柔らかくした真昆布や利尻昆布に籠目昆布などを混ぜて、プレス機で圧縮してブロック状の大きな塊を作り、その断面部分をカンナで削るように機械で薄く削り取った製品。粘りが強く、お吸い物に入れたり、おにぎりに包むなどに利用される。

とろろ昆布

▶**おぼろ昆布**　酢に浸けて柔らかくしたコンブの表面を削った製品。昆布の表面は黒いが白口浜の昆布は真中は白い。表面の黒い部分と真中の白い部分を削った白いものを混ぜた製品、黒おぼろと呼ぶ。真中の白い部分のみを削った製品は白おぼろと呼ぶ。白おぼろの中でも上品質なものは、太白おぼろ昆布といった名柄で販売されている。

白おぼろ

▶**白板昆布**　酢に浸けて柔らかくしたコンブの表面を削っていき、最後に薄く残る芯に近い白い部分。バッテラ、押し寿司、コンブじめなどに利用される。

▶**早煮昆布**　コンブを煮る、あるいは蒸すなどしてから再び乾燥した製品。早く戻り、煮えるように加工したコンブで、煮物、おでんなどに利用する。

黒おぼろ

加工の際にうま味成分の一部が失われるのでだし昆布としてはあまり向かない。養殖昆布を冬から春にかけて間引きしたもので、「サラダ昆布」などの名で販売されている。

▶**刻み昆布**　コンブを酢に浸けて柔らかくして細かく刻み乾燥した製品。野菜と一緒に煮たり、棒たら、油揚げに添えたり、大豆の打ち豆と一緒に煮るなどした郷土料理がある。

▶**昆布茶**　コンブを軽く焙って、粉末にした製品。少し塩を入れたものや、乾燥した梅肉を入れた梅昆布茶などがある。お茶としてはもちろんお吸い物や調味料として利用する。

▶**松前漬け**　細切りのコンブとスルメを醤油、酒、みりんなどの調味液などに漬けこんだ製品。

▶**塩吹き昆布**　角切りや細角切りのコンブを味付けして、煮てから乾燥させ最後に塩などをまぶした製品。塩昆布とも呼ばれている。

納豆昆布

根昆布

おしゃぶり昆布

▶**納豆昆布**　北海道道南の特産であるとろみの強い籠目昆布を醸造酢に浸けこんで刻んだ商品。水分を加えてかき混ぜると、納豆のような粘りがでる。醤油、みりん、薬味などを加えて食べる。

▶**根昆布**　岩についているコンブの根元に近い部分。三角形でとても

硬い。一晩水に浸けるとうま味がでて柔らかくなる。根昆布水は飲む。

▶**おしゃぶり昆布**　味付けした昆布を薄くスライスし、食べやすい大きさにした製品。歯ごたえがあり、昆布のうま味が味わえる。酢で味付けした「都こんぶ」などがある。酢昆布とも呼ばれている。

▶**結び昆布**　酢に浸けてから柔らかくして塩気を抜いたコンブを結んだり、籠の形に編んだり、「寿」「祝」などの文字を型抜きした製品。細工昆布ともいう。

結び昆布

▶**すき昆布**　蒸す、あるいは茹でた昆布を細く切り、のり状に薄く広げて乾燥した製品。三陸地方の特産物である。

すき昆布

▶**昆布飴**　コンブの粉末を混ぜた柔らかい飴。

品質の見分け方　採取した昆布はその日のうちに浜に天日干しして水分を取った後、室内でさらに水分調整して保存する。肉厚でよく乾燥していて香りの良い

昆布飴

ものが上質である。色はやや緑がかっていてつやのあるものがよい。

栄養と機能性成分　コンブには通常食物繊維といわれる不溶性のセルロースと水溶性のアルギン酸が豊富に含まれている。これらが小腸に移ると食物繊維が食べ物と混ざると糖質の吸収が緩慢になり血糖値の急激な上昇とインシュリン分泌を避けることができ、糖尿病や動脈硬化など

が予防できるといわれている。また、食物繊維は腸内細菌によって発酵
し、ビフィズス菌など有用細菌を増やし、発癌物質などを産生する有害
細菌の生育を押さえることができ大腸がんの発生率を大きく下げる。こ
のほかフコダイン、ミネラルの宝庫でもあり甲状線ホルモンの材料とし
て、成長促進や新陳代謝を促す栄養素であるヨウ素が多い。また、カル
シウムやマグネシウム、鉄、亜鉛などが含まれている。

　保存と利用方法　直射日光や湿気をさけて乾燥したところに保管すれ
ば味を損なうことなく 2 〜 3 年もの保存にたえられる。万一湿気を吸っ
てしまったら軽く天日干ししてから保存する。

　調理する前には、表面の白いマンニット成分が落ちないように、洗い
流さず軽く濡れ布巾で拭くていどにする。コンブが乾燥しすぎて硬い場
合は 2％くらいの酢で水戻しすると柔らかくなる。

　▶**水出し法**　水出し法による一番だしはあっさりとしており淡泊なた
め、素材の繊細な味わいを損なうことなく素材のうま味を引き出すだし
である。椀物に向く。水道水を使用する場合は数時間前から汲み置きし
ておき、昆布を入れて数時間浸けて置く。昆布に切り込みを入れておく
とだしがよく出るというが、昆布のぬめりや臭いが出るのであまりすす
められない。

　▶**煮出し法**　水出し法で取った一番だしで、はあっさりすぎる場合に
用いる。文字通り、湯を沸かしてからコンブを入れて煮出す方法。かつ
お節のだしと合わせて煮出したり、変化をつけて鮪節、宗田鰹節などと
合わせるとよい。

　▶**煮炊き法**　最もコクのあるだしが取れる方法。鰹荒節をはじめから
入れて煮込む。

　小芋、カブ、ダイコン、凍み豆腐などと一緒に煮るほか、みそ汁など
に利用する。

　コンブは、うま味成分であるグルタミン酸を多く含むため、かつお節のもつイノシン酸、干し椎茸のもつグアニール酸との合わせだしにすると、うま味の相乗効果により飛躍的に効果が増強する。

さくらえび［桜海老］

　サクラエビ科の小型種であるサクラエビを天日干しにした製品。

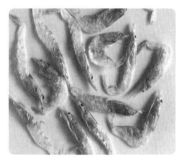

　身が透き通っていてピンク色に見えることから「桜海老」の名が付いたと言われている。

　生態　サクラエビは水深200〜300mに生息し、闇夜に海面近くに浮遊してく

さくらえび

る。体長3〜5cm位の透き通ったピンク色のエビで、日本では静岡県の駿河湾の由比漁港と大井川漁港で獲れたものが桜エビとされている。

　桜エビは年に2回漁期があり、3月下旬〜6月上旬の「春漁」と11月〜12月下旬の「秋漁」が行なわれている。

　製造方法　朝漁獲されたエビはそのまま黒い網の上に重ならないように広げて天日干しする。春の天気の良い日は4〜5時間で乾燥する。

　栄養と機能性成分　カルシウムが豊富である。このほかカリウム、亜鉛、鉄、ビタミンB_6やDHA、EPAなどを含んでいる。

　品質の見分け方　静岡県以外で獲れる「干しエビ」があるが、これは中華の材料などに使われてい

桜海老の天日干し風景

る。「干しエビ」はアカエビ、シラエビ、シバエビなどがある。また、瀬戸内海地方で獲れる「エビコ」などがあるがこれらも「干し海老」として市販されている。現在、フィリピンや台湾からの輸入物も多く出ている。エビの頭の毛の部分が硬く刺されるので注意する。

保存と利用　密閉容器などで保管するか冷蔵保管する。かき揚げ、天ぷら、お好み焼き、お酒のつまみなどに利用されている。

さばぶし［鯖節］

サバ科の海水魚であるゴマサバで作った削り節。

日本でサバと呼ぶ場合、マサバとゴマサバの両方を指すことが多い。

マサバは秋になると味が良くなるが、ゴマサバは年間を通して味が安定している。ゴマサバは脂肪が少なく、香りと甘味があるため濃厚なだしが取れる。家庭で利用されることはすくないが、コクのあるだしが取れるため蕎麦店がつゆを取るときに利用したり、最近ではラーメン店が和風だしとして利用している。いずれの場合も、クセが強いためにほかの削り節と合わせて利用されている。

削り節の定義（日本農林規格より　JAS 規格）

1、かつお、さば、まぐろ等の魚類について、その頭、内臓等を除去し、煮熟によってタンパク質を凝固させた後冷却し、水分が 26％以下になるように燻乾したものをぶし（以下「ふし」という）、またはふしにカビ付けをしたもの（以下「かれぶし」という）を削ったもの。

2、いわし、あじ等魚類を煮熟によってタンパク質を凝固した後乾燥したもの（以下「煮干し」という）、またはこれらの魚類を煮熟によってタンパク質を凝固させた後、圧搾して魚油を除去し乾燥したもの（以下

「圧搾煮干し」という）を削ったもの。

3、1、および２、を混合したもの。

しわめ［シワメ］

コンブ科の褐藻類であるシワメ（アントク
メ）を乾燥させた製品。

静岡県・伊豆半島以南の暖流にさらされる地
域ではワカメがほとんど採れないため、安徳布
（アントクメ）を代用品として食べていた。安徳
布は形はやや細長く、うちわ状、表面にコブ状
の凹凸がある。春先から夏場にかけて採取され
る。

海藻全体に納豆のようなぬめりのあるガゴメ
昆布に似ている。包丁でトントン刻んで食べる

しわめ

ことから「トントン芽」とも呼ばれている。食べ方は簡単で、水ですぐ
戻るのでさっと湯通しして冷水に取り、酢の物や味噌汁など、ワカメと
同じように利用する。静岡県の西伊豆、仁科浜漁港付近で採取され、地
場商品として利用されている。

すきみたら［剥身鱈］

スケソウタラを三枚に下ろして５〜12％の塩水に浸けて冷風乾燥し
た製品。水分は38％位あるので棒タラに比べて戻しが簡単、塩抜きし
て料理に使う。そのまま炙ってほぐし、酒の肴にしたり、お茶漬けなど

にする。

　安土桃山時代、豊臣秀吉が聚楽第に後陽成天皇を招いたときの「行幸御献立記」や、秀吉が前田利家邸で受けた饗宴の献立にも「干鱈」が記載されている。

　当時は、農業、漁業、商業が盛んになって食品の種類が豊富になり、南蛮貿易で外来食品がもたらされた時代である。それでも、遠い北国から届いた干鱈は珍重されたのである。

すいぜんじのり［水前寺海苔］

　藍藻類ネンジュモ科であるスイゼンジノリを乾燥させた製品。

　熊本県の一部だけに生息する淡水産藍藻の一種である。

　寒天質の基質のなかで群体を形成し成長する。色は黒褐色や暗緑色をして湧水のあるところに生息する。熊本県水前寺の江津湖で発見された。江戸時代には肥後細川藩が幕府の献上品として管理していた。現在は国・熊本県の天然記念物に指定されている。養殖がまだ出来ないので、現在は福岡県朝倉市の黄金川の伏流水などで少量であるが採取されている。

　製造と利用　採取して水で洗い、包丁で刻み、すりつぶしてから瓦にコテで塗りつけて陰干しにする。水分が瓦に吸収されたら剥がして板に張り乾燥する。生と乾燥品がある。

　酢の物、お吸い物、刺身のツマなどに利用される。京都の錦市場の乾物店などで販売されているが少量である。

　栄養　鉄、カルシウム、タンパク、ミネラルを含み健康美容食である。

するめ ［鯣、寿留女］

イカ類を開いて天日干しした製品。

奈良時代の『大宝律令』や平安時代の『延喜式』には「干烏賊」の記述があり、室町時代には開いて素干しにしたスルメが作られていたと記録されている。スルメは正月の鏡餅の飾りをはじめ全国各地の神事の供物に欠かせない存在になっている。大相撲の土俵にも米、塩、コンブとともに埋められている。スルメは「ハレ」のごちそうより、神への供物とされてきたようである。

するめ

名称　スルメイカを使うからスルメではなく「墨群」が語源だとされる。平安時代の『和名類聚抄』に「小蛸魚」とあり、古くはイカもタコも「墨群」だったと考えられている。前田利家が豊臣秀吉をもてなした饗宴の献立には「蛸」「烏賊」と別に「巻鯣」とあり、干しいかを「鯣」と呼ぶようになったようである。祝儀に用いるときは「寿留女」の文字を当てることがある。スルメは江戸幕府が1698年に清国向け貿易品として指定した長崎俵物の一つだった。清国への支払いに、室町時代の対明貿易の頃から大量に輸出されていた海産物を指定することで、銅の大量流出を防いだのである。長崎俵物は幕末まで続いたが、幕末になると清国の衰退によって高価な俵物三品（ふかひれ、干しあわび、干しなまこ）の輸出が減り、大衆もののするめが急増した。主に壱岐、隠岐、対馬、五島、唐津からも出荷され、1850年に開港した函館からも、昆布や干しあわびとともに輸出された。

　明治以降も対中国への輸出は続き、大正初めには、スルメはコンブを抜いて輸出高１位になった。当時全国で獲れるイカの７割がスルメに加工され、その７割が輸出された。昭和に入ると戦争の影響で需要が激減、大戦後は朝鮮戦争により激増し、中国、台湾、香港、マレーシア、シンガポールに向けて、一時は年間２万6000ｔも輸出された。しかし、昭和30年代からは韓国産に価格で負けて、平成にはいって半減、近年はイカの不漁で輸出はおろか国内での需要にも厳しい。

　主な種類

　▶**剣先スルメ**　「一番スルメ」とも呼ばれ北九州、山口県が主産地。中でも、ひれと表皮をむいた「みがきスルメ」が極上とされ、「五島するめ」や神饌用に「白するめ」が作られている。

　▶**二番スルメ**　スルメイカを原料に、表皮をむかずに干しあげる最も素朴なスルメ。生産量が一番多い北海道、ほか青森、岩手県などが主産地である。

　▶**その他のスルメ**　アオリイカは「水するめ」、コウイカは「甲付きするめ」、胴を横に広げて丸く干した「お多福するめ」、丸のまま干した「丸干しいか」にはヤリイカ、モンゴイカ、ムラサキイカなどの種類がある。

　加工品　のしいか、さきいか、切りいか、松前づけ、佃煮、珍味加工品が多くある。正月の飾りつけ、結納品などにも使用される。

　スルメはお金を「スル」、イカは足がおおいので「お足」とされ、縁起を担ぎ「あたりめ」とも呼ばれる。一方で末広がりのかたちから「末永く」を意味する縁起物として使われる。

　栄養と機能性成分　低脂肪で肥満予防に最適なタンパク質を多く含む食品である。表面の白い粉はタウリン、ベタインなどのエキス成分とアスパラギン酸、グルタミン酸などのうま味、タウリンは血圧、コレステ

ロール低下作用がある。イカはコレステロールが多いがタウリンも豊富なので摂り過ぎなければ心配はない。また、イカの最下層にコラーゲン繊維が多いので、良く噛むので丈夫な歯を育て脳の血流を良くする。育ち盛りの子供の健康食材として注目されている。

てんぐさ［天草］

　紅藻類テングサ科の海藻を乾燥させた製品。テングサは心太（ところてん）、寒天の原料となる海藻である。心太草が転じて「天草」の名称になったという。

　テングサはマグサ、オバクサ、ヒラクサ、オオブサなど5属28種の総称で温帯の深い岩礁に生息する。青森県以南の各地で採れるが、最も良質とされるマグサは伊豆半島や伊豆諸島のものが古くから珍重されている。韓国や中国の沿岸、東南アジア、モロッコ、スペイン、ポルトガルのものは大西洋沿岸、南アメリカ、メキシコなどでも採れる。ロシア・サハリンなどのものは品質はやや落ちるがイタニグサとして採取される。

　生態　テングサは日本の全海岸の干潮線上に生息し、今も海女は水深5〜10mの海中に潜って採取する。国内では採取量は激減している。寒天に使われている原料はほとんどが輸入品である。日本の主産地は東京湾、千葉県、静岡県、北海道、高知県などであるが中でも西伊豆の仁科浜漁港近郊の天草が良いといわれている。原藻は各地で採れることから、多くの呼び方がある。

　採取方法は海女が腰まで海水に浸かり手鉤で採る方法と、樽や桶を抱えて沖まで出て海に潜り原藻を掻き採る方法がある。ほか伊豆地方では竹で作った熊手の形（マングア）に重石を付け海の底を引きずって、藻を掻き採る方法などがある。海から採った原藻は、塩分を含んだまま

海岸に干して乾燥する。海岸は赤い絨毯のようになる夏の風物詩である。産地では原藻の取引は「赤」を30kg俵型に結び入札するが、これを「汐」原藻を淡水で洗った塩分を抜いたものを「抜き」、さらに数回淡水で晒したものを「晒」と呼ぶ。このほか藻の種類、品質（雄草、雌草があり、雌草が歩留まりが良い）、乾燥方法、加工処理法などで等級が付けられ、細分化されて取引がされる。

栄養と機能は寒天に準ずる。

心太の作り方

市販の天草50gに対して水2ℓ、酢大匙1杯。

①水洗いを2～3回繰り返す。

②材料を鍋の中に入れてとろとろになるまで約40分間煮る（硬めに作る場合は水を少なく長めに煮てください）。

③煮汁をふきんで硬くしぼり、こし汁を角型の容器に入れ、冷蔵庫で冷やすと固まって風味のある「ところてん」になる（しぼるときは熱いうちに素早くしてください）。

④出来上がったら水の中に入れてできるだけ早く食べてください。

とさかのり ［鶏冠海苔］

ミリン科の紅藻類のトサカノリの海藻を乾燥させた製品。

和食割烹、日本料理店、寿司店などで刺身のツマとして添えられることが多い。脇役でよく目にする製品である。

名称　葉状態の縁が不規則に裂けて鶏冠状に開いていることから、「鶏冠海苔」と呼ばれるようになったといわれている。

生態　太平洋中部以南の海域に生息し、水深5～20mの岩礁に生息

する。小さな短かい茎から楔形に扁平で葉状に広がり、先端は分岐する。高さ 10 〜 30 cm、幅 5 cm 位に成育する。乾燥品、塩蔵品はカナダなどから数種類が輸入されている。

　採取したままだと赤色、石灰でもんで脱色すると白く、アルカリ処理すると緑色（細胞内のクロロフィルが残ったもの）になる。いずれも同一種である。最近は海藻サラダなどに利用されて人気がある。

　栄養と機能性成分は他の海藻類に準ずる。

にぼし［煮干し］

　魚介類を加熱して乾燥させた製品。

　煮干しの生産量は昭和 17 年に全国で 9 万 2000 t を記録したのをピークに年々減少傾向にある。平成 29 年度はイワシ煮干しで 1 万 9000 t である。減少の要因は食生活の洋風化、化学調味料、削り節、風味調味料などの影響によるものである。最近は和風ラーメン店やうどん店が煮干しのだしを使っていることから、注目されるようになった。

　現代人のカルシウム不足を補う食品としても再評価され、「食べる煮干し」が人気である。和食ブームや本物志向が追い風となり需要も多少であるが上向いている。

　奈良の藤原宮（694 〜 710）跡から出土した木簡に「熊毛評大贄伊委之煮」の記述がある。現在の山口県より天皇の食べ物として「いわし煮」という品が納められていたことが、明らかにされている。輸送距離から推定して煮干し類似の乾物であったと思われる。18 世紀初め頃に、雨が少なく製塩が盛んで、イワシの獲れる瀬戸内海地方で現在の煮干しに近いものの生産が始まったと推測される。市場には比較的新しく明治初期頃から出回ったいう。

第3章　海産の乾物（干物）

　名称　煮干しは、魚介類を煮て干したもので、カタクチイワシで作られたものが最も一般的である。マイワシ、ウルメイワシ、キビナゴ、アジ、サバ、トビウオなどさまざまな煮干しがある。東日本では「にぼし」と単一の呼び名で販売されているが、地域ごとに異なる呼び名がある。日本全国では、約20以上の伝統的な呼び名があるといわれている。宮城県では「たつこ」、富山県では「へしこ」、京都府、大阪府、滋賀県では「だしじゃこ」、和歌山県では「いんなご」、中国地方では「いりこ」、熊本県では「だしこ」などの呼ばれかたをしている。イワシは世界中には330種の仲間がいるが、煮干しとなるのはカタクチイワシやマイワシなど小さいイワシである。

　生態　煮干しの原料はいわゆる青魚で、不飽和脂肪酸を多く含むため、製造から流通、保存に至る管理が適正に行われないと脂肪の酸化が進み品質が低下する。酸化を防ぐ意味でも脂があまりのっていなものが適しており、大きな魚を煮干しにしないのはこのためである。カタクチイワシは魚体が小さく、脂肪が少ないので最も煮干しに適している。カタクチイワシは、黒潮に乗って日本にやってくる。長崎県が最大の煮干しの生産地で、次いで熊本県、千葉県、香川県やなどであるがその年度により異なる。

　主な種類

　▶**青口煮干し**　日本海側のカタクチイワシはほとんど青口である。背中が黒味を帯びていることから「背黒」とも呼ばれ、角質がしっかりしており身の繊維も密である。コクがあり、風みの強いだしが特徴である。産地は長崎県、千葉県、茨城県などで、特に千葉県九十九里産が

かたくち（背黒）煮干し

人気がある。魚体のサイズによって呼び名があり、8cm以上のものを大羽、6〜8cm中羽、4〜6cm小羽、3〜4cmのものをかえりと呼ぶ。かえり煮干しは「いりこ」とも呼ぶ。いりこは柔らかくて内臓も少なく、魚臭くないので丸ごと食べる煮干しとして市販されている。

かたくち（白口）煮干し

▶**白口煮干し**　比較的暖かく、波の静かな浅瀬で獲れて、魚体が灰白色で漁質は柔らかく、身の繊維が粗くサクサクしている。うま味は強く、上品なだしが特徴である。主な産地は瀬戸内海（伊吹島）、長崎県（橘湾）、三重県（伊勢湾）である。漁期は6〜9月であるが瀬戸内海は7月が最後である。全国での消費は西日本が多い。

うるめ煮干し

▶**うるめ煮干し**　ウルメイワシでつくった煮干し。カタクチイワシに比べ脂肪分が少なく（約三分の一）、クセのないあっさりとしただしが取れる。

▶**平子煮干し**　マイワシの幼魚でつ

平子煮干し

くった煮干し。あっさりして、カタクチ煮干しより淡泊な味のだしが取れる。近年はマイワシが不漁のため生産量が少なく、希少品となっている。

▶**あご煮干し**　トビウオでつくった煮干し。独特の甘味のあるあっさりしただしが取れる。和風ラーメンのだしとして人気がある。魚の臭みを押さえ「焼きあご」として加工して販売しているが長崎県五島列島の

ものが近年不漁で、タイなどから輸入さ
れているが品質はおちる。

　▶ **あじ煮干し**　アジでつくった煮干
し。甘みのあるあっさりとしただしが取
れる。

あじ煮干し

　▶ **その他の煮干し**　サンマ、キビナゴ、
カマス、スルメなどの煮干しがあるが、いずれも脂肪分の少ない魚種で
幼魚の方が美味しい。用途目的で使い分けている。

　▶ **縮緬雑魚**　カタクチイワシやウルメイワシなどの稚魚を天日干しに
した製品。表面に細かなしわがつくため「縮緬」、小さな魚を煮て広げ
て干すようすが縮緬を広げたように見えることから「雑魚」と呼ばれる
ようになった。

　縮緬雑魚は一部地域の呼び名で、おもに関西地方でよく乾燥したもの
を指して言われる。関東地方では、加工方法によって呼び名が異なる。
水揚げしたシラスをさっと茹で上げた製品を釜揚げしたものを「しら
す」、それを軽く機械や天日干ししたものが「しらす干し」、さらに乾燥
させたものを縮緬（水分 40 〜 50％目安）と呼ぶ。広島県の呉・尾道地域
で生産される縮緬雑魚は「音戸ちりめん」と呼ばれる。いかに早く鮮度
を保つかが大事で、朝漁に出て船の上ですぐ煮ている。このほか静岡県、
宮崎県、長崎県なども産地である。

　一般的には、大きな河川のある沿岸地域で生育する。汽水域は塩分が
薄く動物性プランクトンが発生しやすい。動物性プランクトンを食べる
ためにシラスが集まってくる漁場がよい漁場である。また、漁獲する時
期によって質がことなる。

　春漁　3月末〜5月末頃の漁。マイワシの稚魚が多く、少し黒ずん
でいる、質もよくない。味は美味しいが、酸化が早いので保存には不

第3章　海産の乾物（干物）

向きである。

　夏漁　6〜8月末頃の漁。カタクチイワシの稚魚が多く、色は徐々に白くなってきているが、エビ、カニ、プランクトンが多く不純物が混じりやすい。

　秋漁　9〜12月頃の漁。カタクチイワシの稚魚の目が白くなるとともに、水温が下がることで脂が抜けて身がしまり良質なシラス漁ができる。秋物が比較的良い。

　製造方法　水揚げした後、鮮度を保つために以前は船の上で煮ることがあったが、今は早く陸揚げして製造するようにしている。

①早朝に二艘の船で網を引き手繰り寄せる。鮮度を保つため氷詰めして工場に輸送する。

②ゴミを取り除いて、魚の大きさごとに選別する。

③洗浄。

④多段式のせいろに魚を並べて、せいろごと煮沸する。

⑤煮熟が終わった原料を乾燥する。乾燥機を使用する方法と天日乾燥があるが現在は温風または冷風乾燥機を使っている。酸化を防ぐためにも冷風

いわしの漁獲

煮釜に移動

煮熟

　　乾燥機で仕上げる方が適している。

　⑥異物をさらに目視で選別して冷蔵保管する。

　栄養と機能性成分　煮干しのうま味成分はイノシン酸である。うま味成分は食塩に対する感受性を高め、減塩効果が期待できる。煮干しは69%がタンパク質でプロテインを含有し、牛肉や豚肉と比べても遜色ない良質なタンパク質である。また、ビタミンB群とミネラルを豊富に含む。特にカリウム、カルシウム、マグネシウムはカツオ節より多い。ビタミンB群もミネラルもだしに溶け出す。煮干しは水に浸す時間がカツオ節より長いので、だしに含まれるビタミンやミネラルも多いと考えられる。一品で取れる量はわずかだが、用途の多いだしは貴重なミネラル源となる。もちろんだしガラも食べれば成分全量が口に入り、だしガラに残っている脂溶性ビタミンDも摂取することができる。煮干しをそのまま食べれば熱による損失もなく、丸ごと栄養がとれる。

　品質の見分け方　背側が盛り上がり、「く」の字に曲がったものが、鮮度の良いうちに加工した煮干しである。逆に腹側が盛り上がるような「く」の字になって腹が割れているものは加工時に鮮度が悪かったもので、だしを取るときに生臭みが強くでる。色合いは固有の優良な色沢を有し、鱗が落ちたり、油やけによる黄色みががっていないものがよい。

　保存と利用方法　酸化を防ぐために酸化防止剤を添加していることが多いが、真空パックや脱酸素剤を封入した特殊包材により無添加商品もでまわっている。いずれにしても、開封すれば空気中の酸素によって酸化がすすむので、家庭でも密閉パックに入れて、できれば冷蔵庫に保管することが望ましい。

　煮干しのだしの取り方

　①うま味が出やすいように煮干しを割って下準備をする。

　②苦味やアクが出る頭と内臓を除き、縦に割る。新鮮な煮干しなら丸

ごと煮出しわずかな苦みを楽しめる。

③水に浸すことでうま味が出やすくなる。急ぐ場合でも十分に水に浸すとうま味の溶解率が1割近く上がる。朝の味噌汁なら、前の晩に丸ごと水に浸けて冷蔵庫に入れておけば、翌朝温める程度で美味しく使える。

④水とともに鍋に入れて煮立てる。しばらくすると煮干しの脂肪やアクがでるので、あくを取る。

⑤沸騰したら弱火にして静かに5〜6分ほど煮て火を消す。

⑥もともと塩分が4%位あるので、調味料を加える場合は味を見ながら加減する。

煮干しの JAS 規格

区分	上級	標準
形態	1、肉のしまりが優良で、かつ皮がはげなく腹割れしたものが10％以下であること。 2、頭落ちがほとんどないこと。 3、体長がほぼそろっていること。	1、肉しまりが良好で、かつ皮はげがなく腹落ちしたものが30％以下である。 2、頭落ちが少ないこと。
色沢	固有の優良な色沢を有し、油焼けによる黄変がほとんどないこと。	固有の良好な色沢を有し、油焼けによる黄変が少ないこと。
香味	固有の優良な香味を有し、油焼けの臭いがないこと。	固有の良好な香味を有し、油臭がほとんどないこと。
粗脂肪分	5％以下であること。	8％以下であること。
水分	18％以下であること。	同じく左（上級）
食品添加物	酸化防止剤（ミックストコフェロールに限る）以外のものは使用していないこと。	同じく左（　〃　）
異物	混入していないこと。	同じく左（　〃　）
内容量	表示重量に適合していること。	同じく左（　〃　）

のり ［海苔］

　紅藻類ウシタケノリ科アマノリ科の海藻であるノリを板状に広げて乾燥させた製品。

　天然のアマタケノリ属は日本に 28 種あるが、養殖ノリはスサビノリとアサクサノリの 2 種で、アサクサノリはわずかである。

　ノリは生ノリと板ノリがあるがノリを漉いて板ノリ状に乾燥させた「板海苔」を述べる。

　ノリの歴史は古く『大宝律令』(701) には「紫菜」、平安時代前期の『和名類聚抄』には「神仙菜」（あまのり）、江戸時代には自然条件に左右され採取が不安定なことから「運草」などと呼ばれていた。古代から貢ぎ物とされてきた。平安時代には上層階級への贈り物や寺院の精進料理などに珍重されたことが数々の文献に記載されている。

　生態　太陽の光と炭酸ガス、水を取り入れて光合成を行い、チッソ、リン、鉄などの栄養塩を吸収して成長する。現在養殖種の多くはアマノリ属のスサビノリである。ほかに海ノリと川ノリがありアサクサノリ、アルバアオノリ、チシマクロノリ、アニアマノリ、ヒトエグサ、アーサ、ハバノリや四万十川などで採れるアオノリ、スジアオノリ、スイゼンジノリなどが市場にわずかであるが出まわっている。

　ノリは古くは天然のものを採るだけであったが、1947 年（昭和 22）イギリスの海藻学研究者、キャサリン・M ドリューがノリの種はどこから来るのか、という驚くべき研究を発表した。なんとノリの胞子を海水に入れた貝殻に付けたところカビのような糸状になったこの発見により、これまで謎であった夏場のノリの生育がわかり急速に養殖技術が進歩したのである。紅藻類の仲間であるノリは 10 月下旬から 12 月下旬頃

までに急成長する。ノリの葉体は雌雄同株で雄精細胞、雌精細胞は造果器と呼ばれ分裂して精子を作り水流によって運ばれて受精する。それがまた分裂して果胞子をつくる。これが3月から4月頃までつづき、その後水温が上がるにしたがって葉体は老化していく。

　一方、葉体から分れた果胞子は、カキの貝殻などの真珠層に孔を開けて入り込み、真珠層の内部で糸状になって成長する。貝殻の中で夏を越す糸状体はあちこちに殻胞子嚢を形成、9月頃にはその胞子が飛び出し、それがノリ網などについて発芽し、そして立派に成長しノリの葉体となる。人工採苗（ノリの種を人工的にノリ網につける）の技術が確立し天然にたより、非常に不安定だったノリを人の手により管理することができ、これらに伴いノリ網を冷凍保管することが可能となりノリの生産は飛躍的に増加することができた。

　かつては年間の需要が85億万枚にたっしたが平成から令和にかけて不作が続き65億万枚となっている。日本において最も多く食べられているが、韓国でも海苔巻（キンパッ）の需要があり、中国でも四角いシート状のノリを作っている。また、ヨーロッパではスープやバターと一緒に混ぜてパンと食べているようだが少量である。

製造方法

▶**人工採苗**　カキの貝殻の中で糸状体さえ育てておけば自由に種付けできる。1960年（昭和35）から実用化され各産地の環境に適した品種や味、香り、病気に強く成長が早いノリ作りができるようになった。

　水温が25℃以下になる9月頃、糸状体から胞子が放出する時期に網を張って人工採苗する。海に張ったノリ網に、殻胞子が飛び出すときにカキ殻を吊るして採苗する方法と胞子をカキの殻に付け水槽で水車方式で網に付ける二つの方法がある。

▶**陸上採苗**（種付け、採苗）

①春先ノリの葉体から精子は海水に運ばれて卵細胞と受精し、分裂する。これが胞子、またの名を果胞子となり、胞子は発芽し「糸状体」となる。糸状体は石灰を溶かして成長するためカキの殻を利用する。

②5月海水を入れた水槽に「カキからの平べったい部分を」上にし糸状体を散布すると、カキ殻にもぐりこみ成長する。夏の間は休眠する。

③白いカキ殻は少し胞子の斑点がつきはじめ真っ黒になる。夏の終わりには糸状体の「殻胞子囊（かくほうしのう）」ができ9月の中旬頃種付け作業が始まる。

④9月の中旬約3日間ほど漁業組合で決めた日に共同作業する。多少の雨なら実行する。

▶ **種付け陸上採苗**　分裂始めた「殻胞子」をノリ網に付ける作業を種付け採苗ともいう。

①野外に作った水槽に、カキ殻に糸状体を入れ、その上に水車に網を張り回転させてノリ網に彩苗することから「水車採苗」という。

②浮流し方式の千葉県新富津漁業組合などが適用している。

③自然状態に左右されず人工的に確実に採苗できることから便利であるが、使用するのは1年に3回程である。水槽、カキの殻の管理、水車設備、保管場所、顕微鏡など投下資本がかかるので漁師がいくつかのグループになり共同作業を行い同じ条件で作業が行われる。

④殻胞子の付いたカキ殻は1列8～10枚程度つなげ、それを2本合せて1本にし、棒にカキ殻を12本程度またぐように吊るす。この棒を左右合計12本吊るす、つまり約2,300枚吊るすことになる。カキ殻1本でノリ網5枚位つけることができる。

▶ **水車式採苗**

①水槽に海水を張って、水槽の温度は20〜21℃位が一番よい。18℃
　以下は「殻胞子」は付きにくく、23℃以上も付きにくい。

②殻胞子」はカキ殻から適温の光にあうと活動しカキ殻から離れ網に
　付く。調整するために朝早く出して温度差を見ながら水槽に浸け
　る。使わないカキは暗所に保管。

③水車は「10間網」とよばれ、18m×1.3mのノリ網を12枚重ねた
　ものが何重にも巻き上げて置く。

④漁師は5〜6人くらいのチームで作業するためノリ網に名前や、色、
　網の種類などわかるような印をつけて置く。

⑤ノリ網に殻胞子がついたかどうか、網の一部を10cm程切り、顕微
　鏡で胞子がついたかどうかを確認する。

⑥ノリ網を外しアサリのはいった水槽に再度入れ直し、この間約3〜
　4時間そのままにして養生する。アサリが胞子の腐敗菌を食べて浄
　化してくれる。

⑦胞子が定着したら、冷凍庫に入れて保管する。

▶海上採苗

カキ殻糸状体　1〜2個を通称「落下傘」と呼ばれるビニール袋に入
れて落下傘を網の下に吊るしその網を漁場に張る。この方法は自然条件
に左右されやすいが、陸上と違い設備投資がいらない。佐賀県有明海漁
業などはこの方式である。

①10月に入ると網は重ね張りしたまま2〜3週間海に出す。

②網に定着した若い芽は「珪素、アオノリ、バクテリア」が付きやす
　いので網を一定期間、海上に出して空気にふれさせて乾燥したりし
　て強い芽を育てる。これを干出という。

③この字型のパイプの器具を使い干出する。

④支柱式の場合は潮の満ち干で自然に干出ができる。

⑤この間、干出と共に網の洗い流しを頻繁に行い、網の重ねを減らし、ノリ芽が2〜3cmになれば海から出して本冷凍する。

⑥育苗期間が済むと重ね張りしていた網の数を徐々に減らしながら最終的に1枚となり、ノリの成長と共に摘採を待ち完了。

▶**冷凍網**　種付けした網を乾燥した後マイナス20〜30℃で冷凍保存し必要に応じて冷凍庫から出して漁場に張ってノリを育てる方法である。

ノリは夜間の温度が高いと生理障害現象をおこすことから秋芽（その年の第1回目の生産で品質良好）生産が終了した後冷凍網を海に張り、2回目の生産が可能となる。ノリの生産時期は10月下旬から秋芽網、冷凍網などにより翌3月頃までの寒い時期であるが、産地によっては4月前半までとなる。魚にも旬があるようにノリも11月頃、各産地で一番最初に摘み採られたノリは「新ノリ」と呼ばれ柔らかく、香りや風味があり高値で取引される。

ノリの養殖方法

▶**支柱式漁法**　水深の浅い内海湾で海中に竹の支柱を立ててノリ網を張って養殖する方法。木曾三川の河口、愛知県、三重県、佐賀県の有明海などがある。

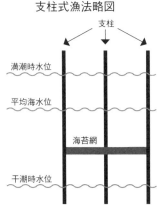

支柱式漁法略図

支柱

満潮時水位

平均海水位

海苔網

干潮時水位

浮き流し漁法略図

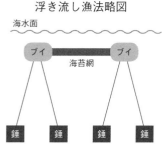

海水面

ブイ　　　ブイ
海苔網

錘　　錘　　　錘　　錘

▶**浮き流し漁法**　水深の深い海でも養殖が可能で沖合いにブイを浮かべその間にノリ網を張る方法。主な産地は千葉県、宮城県、兵庫県などで使われている。

ノリの加工

①ノリは採苗してから 30 ～ 35 日くらいで長さ 12 cm から 15 cm になる。手摘みや手動ポンプ、高速摘採船などで吸い取ったりした原料を陸揚げする。

②冷却した海水の中のゴミや珪素などを真水でよく洗い落とす。

③チョッパーで 3 ～ 4 mm に刻み抄製機に投入し簾に流して漉きあげる。

④脱水後、乾燥機で約水分 10%程度まで乾燥する。

⑤ 10 枚を一帖として結び、十帖一束に結束され漁業組合に出荷する。

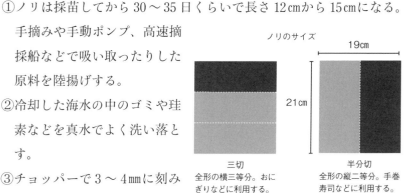
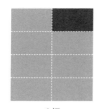

ノリのサイズ

19cm

21cm

三切
全形の横三等分。おにぎりなどに利用する。

半分切
全形の縦二等分。手巻寿司などに利用する。

一二切
縦半分の六等分。味付けノリなどに利用する。

八切
縦半分の四等分

　ノリのサイズは縦21cm、幅19cmに決められている。以前はマチマチであったが昭和40年代に統一された。

　江戸時代に浅草ノリが浅草和紙の形をまねて長方形にして以来木枠の簾の大きさや道具類をそのまま利用したことにより、尺貫法の物差し六寸三分と七分という数字になっている。

　主な産地　採取エリアによって特徴が異なる。エリアは大きく三つに分けられる。

　▶**東日本エリア**

　宮城県（松島湾、石巻湾）　浮き流し養殖で11月から採れ始め色目や味には特に特徴はないが、葉質がしっかりしていることから焼きノリや業務用の需要が多い。

　千葉県（富津岬周辺）　浮き流し、支柱式漁法を行っている。色の安定度が高く、香りがよい。アオノリを混ぜた「青混ぜ」などがあり、焼きノリは江戸前のすし店に人気がある。

　アオノリは低温に弱いことから1月以降の厳冬期にはあまり採れないため生産量は少ない。一番摘みの「青飛び」は11〜12月の新ノリの季節に木更津、富津の漁場で採れる。クロノリにアオノリが混ざり、磯の香りがする、千葉県産を代表するノリである。「手入れノリ」ともいわれ漁師の自家用として産地の周辺の人たちの旬の楽しみとして人気がある。アオノリの苦みをおさえるため弱火で焼き上げる。

　愛知県（知多半島、三河湾）　浮き流しは、支柱棚養殖で色や味に特別特徴はないが三河湾河川の豊富な栄養で味のあるノリが特徴で消費が多い。

　三重県（伊勢湾西部）　浮き流し、支柱棚養殖で色や味に特徴はないが葉質重視のノリ作りで業務用の需要と米菓の利用が多い。

　▶**瀬戸内エリア**　瀬戸内海沿岸で兵庫県、山口県に至る本土側と徳島

県、愛媛県の四国側に分かれるが生産量は多い。

兵庫県（薩摩灘、大阪湾）　浮き流し養殖で全国でも特に色、つやのよいノリが採れる。葉質はしっかりしている。

香川県（小豆島、直島、四国本土側）　浮き流し養殖で葉質は硬めでしっかりしている、色、つやはよいが味の特徴はない。

▶**九州エリア**　このエリアは全国の生産量の30〜40％を占める。その生産量の大半が佐賀、福岡、熊本三県による有明海沿岸によるものである。

佐賀県　支柱棚養殖で色目は他産地より劣るが味がよく柔らかいのが特徴で、ギフトをはじめ一般製品として全国で消費されている。

福岡県　支柱棚養殖で色目はやや劣るが味がよく柔らかい。佐賀と同じくギフトなどの消費が多い。

熊本県　支柱棚、浮き流し養殖で葉質は柔らかく色もよい。味は有明海の中では西日本地域での一般製品と同じである。

出荷　生産された製品は10枚を二つ折りにして一束にし漁業組合の指定したテープで10束（100枚）に一括、18束（3,600枚）を箱に詰めて組合に出荷する（組合名、生産者番号、日付が印刷）。組合では、集荷場に持ち込まれると、県の指定された検査官により夜路品質検査が行われる。ノリの検査格付けと等級が決まる。

ノリは一箱ごとに検査し等級ごとにまとめられたのち、県の漁業組合連合会に持ち込まれ同じ格付け、同じ等級の中から見本を抜きだし格下の等級より順に入札会場に並べられ、入札業者による見付けが行われた後、入札され価格が決まる。

入札方法は各漁業組合が指定した業者により、電光掲示板に出る「電子入札」と「入札手板」の二通りが実施されている。

検査区分の基準

重：基準より重い。上：等級。軽：基準より軽い。チ：チジミの混入して
いるもの。○：穴あきの混入しているもの。ヤ：破れ、乾燥割れの混入。
A：赤芽のもの。B：くもりの混入。C：珪素が混入しているもの。冷：冷
蔵庫で初摘みのもの。エビ：エビの混入しているもの。シ：死葉の混入。
飛：青のり類の混入が軽微のもの。別：いたみ、くもりの甚だしいもの。
外：上記以外のもの。

栄養と機能性成分　ノリはミネラルが豊富でビタミン B_2、B_6、C な
どを多く含んでいる。ビタミン B_1、B_2 は葉酸と協力し赤血球を作り細
胞の新生にも働きかける。タウリン、銅、亜鉛、ヒ素なども含まれるバ
ランスのとれた食品である。

品質の見分け方　色、つやがよく焼き目がでているもの、香りがよく
味わいが舌に広がる柔らかいものがよい。

抄き方、色、光沢、香り、つやのある深みはアミノ酸を含んおり、イ
ノシン酸、グアニル酸なども豊富である。口の中でパッと広がる味と香
りのよいものを選ぶ。

保存と利用方法　長期保存は密閉容器に入れて冷蔵庫に入れるか、ポ
リ袋、アルミ袋、瓶、缶に乾燥剤を入れて保管する。特に湿気を嫌うの
で、最低の必要量を購入する。生産地から出荷されたノリは水分約 10
〜 12%、そのままでは保存できないので水分を 4%〜 5%まで再乾燥さ
せる。これを火入れと呼ぶ。

ノリを美味しく食べるには直前に炭火の七輪で焼くのが最適だが、ガ
スコンロに焼き網をのせてガサガサした裏面を外側にして二枚重ねて手
早く返しながら炙ってもよい。

青混ぜノリとは

ノリの収穫期は11月中旬～翌4月上旬だが、「青混ぜ」は11月中旬から12月の新ノリの時期の「支柱棚漁法」で良質なものが採れる極めて少ないノリである。「青混ぜ」の特徴は黒ノリの甘み、青ノリの磯の香りとほろ苦さが絶妙のバランスで混じった逸品で、ノリ通の間では「幻の混ぜ」として珍重されている。苦く感じられるのは原料の板ノリを焼き上げ、香味のある焼きノリに仕上げる際に、青ノリは黒ノリに比べ比較的低温で焼きあがる特性があることから、この焼き上げの工程で、黒ノリの焼き上がり温度に合わせ、青ノリにとってやや高めの温度で焼き上げることによって、青ノリ特有の磯の香りとほろ苦さを引き立てるように仕上げる。

ひじき ［鹿尾菜］

褐藻類ホンダワラ科ホンダワラ属のヒジキを乾燥させた製品。

ヒジキは、遺跡の発掘物から縄文・弥生時代から食べられていたことがうかがわれる。奈良時代には、見た目が鹿の黒くて短い尻尾に似ていることから「鹿尾菜」と書かれていたという記載がある。

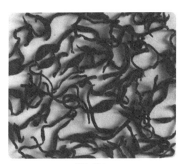

芽ヒジキ

神饌として利用されていたという。庶民がヒジキを食べるようになったのは、江戸時代の文献『本朝食鑑』(1695) に「羊栖菜」と記載されていることから、江戸時代からと考えられる。

生態　ヒジキは、北海道から九州までの太平洋沿岸と福井県以西の日本海沿岸に生息する。韓国の済州島、中国東海岸にも生息する。満潮水

位と干潮水位（潮間帯）との岩場に生育
し、太さ3〜4mm、長さ1mくらいにま
で成長する。繊維状の根をはわせて、群
落を形成する。8〜9月にかけて新芽が
でて成長し3〜5月の大潮の干潮のと
き、漁師や海女が磯にでて鎌などで刈り
取る。成長が進み有性生殖を行う夏にな

長ヒジキ

ると、葉にあたる部分が中空なり、浮き袋のような気泡ができる。これ
によって水中で直立するため、光合成をして表皮が硬くなるので、食用
としては品質が落ちる。

主な品種　ヒジキは単一種であり、産地ごとの銘柄ほか、部位、天然、
養殖、加工方法などで組み合わせて商品化している。

部位による区分け　ヒジキは茎の部分と芽の部分で生育しているの
で、加工の工程で茎の部分を長ヒジキ、葉の部分を芽ヒジキ（または米
ヒジキ）となる。両者は形状と食感に多少の差があるので、料理や好み
によって使いわける。また、長ヒジキの中で茎が折れた短いものを「中
長ヒジキ」、細いものを「糸ヒジキ」として選別している。釜茹での場
合は特に分けずに混合して製品化している。

▶天然・養殖　国内産は
ほぼ天然もので岩礁に生育
したものを鎌で刈り取る昔
ながらの方法で採取し、加
工している。韓国・中国で
は、ほとんどが養殖物で天
然ものは少ない。天然もの
と養殖ものは、葉の形にも

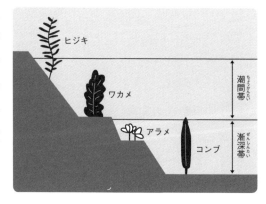

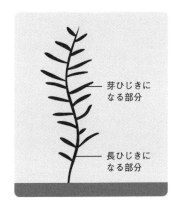

芽ひじきに
なる部分

長ひじきに
なる部分

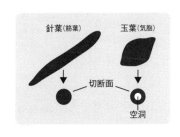

針葉(筋葉)　　玉葉(気胞)

切断面

空洞

変化がみられる。天然ものによくみられる針葉は、中まで詰まっている
が、養殖ものによくみられる玉葉は、中に空洞がある。針葉のほうが良
質とされて入る。

加工方法

▶**蒸し乾燥製法**　三重県伊勢地域では江戸時代から伝わる加工・製法
を続けている。乾燥した原料を水洗いして蒸しあげ、再乾燥する方法で
ある。これによって塩抜きされ、うま味、ふう味が残りモッチリした感
触がうまれる。また大量に加工することができる。

▶**煮乾製法**　生のヒジキを茹でて乾燥する製法。千葉県の鴨川地域で
行われている。生のヒジキをそのまま使用するので鮮度が良く、茹でる
ことからふっくらと仕上がり、ヒジキ本来の風味が残る。

▶**産地製法**　各産地によっていろいろあるが、乾燥ヒジキを水戻しし
て茹であげたのち再乾燥する。設備や技術がなくても製造が可能であ
る。

韓国、中国では蒸し乾燥がほとんどである。

主な種類　日本では三重県の伊勢・志摩、千葉県の房総半島、長崎県
の対馬・五島、瀬戸内海の祝島などで生産されている。「寒ヒジキ」と
も呼ばれ、冬の若いヒジキを刈り取って加工したものなどがある。現在

流通しているヒジキの 90％は韓国、中国からの輸入品である。

　▶**三重県産**　木曽川、揖斐川、長良川が流入する伊勢湾ものは栄養が豊富で長く、太く、風味、食感の良い高品質のヒジキが採れる。国内産のなかでも需要が高い。

　▶**千葉県産**　肉厚で柔らかく風味が良い房総ヒジキが採取される。需要の多い関東市場で人気があるが、早春の短い期間にしか採取できないので、生産量は少ない。

　▶**瀬戸内産**　内海であるため海流の動きが鈍いが、寒ヒジキとしての需要が高く、業務用に人気がある。

　品質の見分け方　天然ものは常に荒波にもまれ、干潮時に直射日光を浴び、過酷な環境で育つため、身のしまった美味しいものが採れる。輸入品は天然の岩場から採取した幼芽をロープに挟み込んで沖に流したものである。波の静かな海域でロープを保護する必要がある。常に水に浸かっており、葉に気泡があることから、天然ものにくらべて腰がよわく、加工技術もやや劣るのが欠点である。

　栄養と機能性成分　ミネラルと食物繊維が豊富で、抗酸化作用のあるベータカロチンも豊富にお含んでいる。中でもカルシウムは牛乳の 12倍含まれている。ほかに鉄、亜鉛、マグネシウム、ビタミン K など海藻独特の成分が多い。

　保存と利用方法　ヒジキはそのままでは食べられない。茹でてアク抜きをしなければならない。ヒ素や毒性があり、大きめのボールに水を入れて 1 時間程浸けておき、流水ですすいで砂などの不純物を取り除き、弾力がでてきたら、一度サッと熱湯で茹でてから利用する。加熱によって黄色や赤色の色素成分が分解して緑色のクロロフイルが分解されて黒褐色になる。

　急いで戻すときは大きめの鍋にヒジキを入れて一度煮立ったらザルな

どにあける。煮物やサラダなどに利用する。

　ヒジキは戻すと重さが芽ヒジキは約8.5倍、長ヒジキは約5倍になるので注意すること。芽ヒジキなら良く水洗いしてそのまま炊き込みご飯にしてもよい。

ふのり［布海苔］

　紅藻類フノリ科の海藻であるフノリを乾燥させた製品。フノリにはマフノリ、フクロフノリ、ハナフノリなどがある。マフノリ、フクロフノリは食用に利用されている。中国では「鹿角菜」と書いて古くから絹織物の洗い張りに使われていた。日本でも着物の洗い張りに使われている。

ふのり

　生態　春から夏にかけて岩礁に繁茂する一年草である。日本各地の沿岸、中国、韓国で採取される。

　主な産地　北海道、青森県、岩手県、高知県、長崎県対馬、和歌山県などである。寒い地域に生息するフノリは風みが良いとされ、北海道の根室、歯舞などではオホーツク海から太平洋に抜ける潮風が天日干しに最適である。日高、襟裳地区では1〜2月にかけて採取される。また青森県津軽海峡、下北半島は自然林と暖流に囲まれ、風みの良いものが採取される。

　栄養と機能性成分　ほかの海藻と同じく、生活慣習病や高血圧、糖尿病の予防、コレステロールの吸収を抑制する働きがある。また、煮詰めて冷ましたフノリを肌に塗るとすべすべして美容効果も期待できる。

保存と利用方法　生のフノリをよく洗いそのまま乾燥したものであるので高温多湿を避ければ常温保存できる。新潟県内では蕎麦の繋ぎに利用したり、そのまま味噌汁に入れたり、サラダなどに利用されている。

ほしおきうと ［干し浮太、沖独活］

　海藻のエゴノリとイギスを煮て寒天分を出して固めたオキウトを乾燥した製品。

　福岡県博多の名物になっており、小判形にして乾燥したものを醤油、カツオ節のだしで食べる。新潟県や東北地方では呼び名が違い、エゴノリ、イギスを単品でも使用して食べる。

ほしかいばしら ［干し貝柱］

　イタヤカイ科の二枚貝であるホタテガイの紐の部分を取り除き、貝柱の部分を茹でて乾燥させた製品。

　日本国内で生産される干し貝柱のほとんどが北海道で生産されており、大部分が輸出される。北海道オホーツク沿岸のほか、青森県や岩手県の三陸海岸などで

干し貝柱

養殖されている。だしに利用する食材として、中華料理には欠かせない高級珍味のひとつである。

　品質の見分け方　べっ甲色できれいに澄んでいて、身のしっかりしたものがよい。

　利用方法　水で戻すと、大きさが1.5倍位に増える。濃厚なだしとエ

キスが特徴である。

栄養と機能性成分　タンパク質が豊富である。そのほか、グルタミン酸、イノシン酸などアミノ酸を含んでいるため、甘みのある独特の味と風みがだしにでる。だしを取った後の殻も栄養が残っているので食べるとよい。貝ひももうま味は変わらない。

ほしたら［干し鱈］

タラ科の海水魚であるマダラ、スケソウタラの内臓や頭を取り除き冬の浜の軒先に吊るして乾燥させた製品。

マダラは価格も高いのでスケソウタラが多く使われている。乾燥すると硬くなるので、切って販売されているものが多い。

干しタラは江戸時代から海産物の保存食として利用されていた。北前船の交易から主に関西地方に運ばれ、お盆や正月料理として食べられてきた。京都ではエビ芋と炊き合わせた「芋棒」がある。棒タラの膠質（ゼラチン）が芋の煮崩れを防ぎ、芋のアクが棒タラを柔らかくする。

また東北地方や北陸・新潟では冬のタンパク源として多く食べられる。煮棒タラの加工品も市販されている。九州各地では、盆の精進落としに棒タラの煮物が作られ「盆たら」と呼ばれたり、夏祭りのご馳走として食べらられてきた。

乾燥に1〜2カ月を要し80%もあった水分が干し上がると18%前後になる。カツオ節や煮干しの水分が15%前後であるから、塩干物というより、まさに乾物である。東北地方では「かすべ」と呼ばれている。

生態　マダラは北海道から茨城県の太平洋側、日本海側、山陰地方に至る海域で漁獲される。全長1mにもなる大型魚である。北海道、東北地方で漁獲されるマダラは白身で淡泊であり、冬のタンパク源として利

用される。

保存と利用方法　2〜3日、何回か水を取り替えて戻して、ぜんまいや切昆布などと一緒に醤油味に炊き合わせる。低脂肪で高タンパク、ビタミン、ミネラルもたっぷり含む製品である。

> **西欧にもある干しタラ文化**
> 干しタラはヨーロッパでも重要な保存食だった。日本のマダラとは違うタイセイヨウマダラだが、開き干し、すきみタラなど同じような干物が北欧諸国で作られた。羊毛と引き換えにこれを入手したフランスのプロパン地方やスペイン、ポルトガルでは様々な干タラ料理が作られている。コロッケやグラタンなどの利用ある。

ほんだわら［馬尾藻］

ホンダワラ科の海藻であるホンダワラを乾燥させた製品。

正月に供える鏡餅の飾りとして利用されることが多い。枝葉にたくさんついている実が稲穂を連想させ、縁起物として扱われている。いまは鏡餅や門松の飾りとしてしか目にする機会がない製品である。

名称　「穂俵」「神馬藻」「玉藻」などの名称もある。

生態　新潟県の佐渡地方、四国地方、九州地方など日本各地に分布している。一年草の雌雄異株で、冬から春に成熟し浅い沿岸に生息する。全長は1〜2mにもなる。繁殖は仮根から数年たってからである。アカモクやヒジキなどもホンダワラ科の仲間である。ほかの海藻にくらべて体の仕組みが複雑で、気泡という浮袋を持っている。気泡の浮力で体を直立させている。

利用方法　一般的な需要は少ないが、藻体の先端の若い部分を酢の物

などにして利用する。日本海側では食用としている。

まぐろぶし ［鮪節］

サバ科の海水魚であるキハダの幼魚で作った削り節。

キハダはマグロ類のなかでも漁獲量が最も多く、日本では鮮魚として利用されることのほうが多い。「シビ」「メジ」とも呼ばれ、だしは非常に淡白で、特に和風のお吸い物に使われる。削った断面が白く美しいため花かつおや糸がきにも利用される。1.5～3kgのものが節に加工され、血合いを抜いて作られた鮪節は、甘みのある上品なだしが取れるので人気がある。

まつも ［松藻］

褐藻類ナガマツモ科の海藻であるマツモを乾燥させた製品。

形が松葉に似ていることからこの名がついたといわれている。北海道から東北の三陸海岸の岩礁に生息し、冬から春にかけて成長する。夏には消滅する。長さは30cm位まで育つ。採取したばかりの

まつも

マツモを塩抜きして、ノリのように薄く広げて乾燥する。また、遠火で炙った焼きマツモもある。炙ることによって香りがでてくる。三杯酢、味噌汁などにそのまま利用できる。

みがきにしん ［身欠き鰊］

ニシンの内臓を取り出して天日干しした製品。

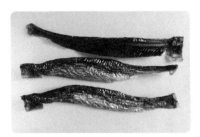

みがきにしん

ニシンは文字通り、東の魚の意味。「鯡」とも書くのは、ニシンの交易で財政を支えた松前藩で、ニシンは魚でなく米だとして「魚に非ず」の文字をあてたためという。腹部の身を欠く「身欠きにしん」、身を2つに割って干した「二身」「鯡」という意味で、この名がついたといわれている。また、「海の米なり（数の子）」春を告げる「春告魚」などと呼ばれることもある。春の進物に利用されている。

生態 ニシンは寒流沿岸に生息し、3〜5月頃に産卵のため北海道のサロマ湖、厚岸沿岸に押し寄せる。最近はサハリン系のニシンなども原料とされているが、脂が少ない。アイヌ民族の保存食だった身欠きニシンは北海道から会津や京都へ、そこから各地に運ばれ、山里のタンパク源になった。

また、数の子を採ったあとの「鰊粕」は肥料として使われた。大正時代には畑の肥料にされるほど大量に漁獲されていたが、昭和30年代から突如として漁獲量が減ったため、幻の魚と言われていた。

製造方法 日持ちがしないので、水揚げしたらすぐに干物に加工する。まずそのまま乾燥させ、三枚に下ろし、再度乾燥させてから1カ月ほど倉庫で熟成させる。その後、木箱などに入れて出荷される。

栄養と機能性成分 ビタミンD、カリウム、ナトリウム、DHA、EPA（高度不飽和脂肪酸）を多く含んでいる。

　保存と利用方法　乾燥しすぎて硬くなってしまっている場合は、米のとぎ汁に一晩浸ける。半生状態であれば軽く茹でるか、2〜3時間浸けて柔らかくしてから、甘露煮などにする。保存するときは、臭いがあるのでビニール袋などに入れて冷蔵保管する。会津の「鰊漬け」、京都の「にしん蕎麦」「身欠きにしんの昆布巻」がよく利用されて人気がある。

むろあじぶし［室鯵節］

　アジ科の海水魚であるムロアジで作った削り節。

　主な産地は熊本県や鹿児島県であるが、生産量は減少傾向にある。ムロアジは脂肪分が少なく、身にあまりしまりがないため鮮魚として食されることは少ない。ムロアジ節は、中部地方や西日本では好んでうどんのだしに利用される。コクのある黄色っぽいだしが取れる。サバ節に似ているが、魚臭くないのが特徴。

わかめ［若芽、若布］

　褐藻類コンブ科の海藻であるワカメを湯通しして乾燥させた製品。

　ワカメは海の雑草みたいなもので、日本列島沿岸の至るところで採れて、乾燥品や塩蔵品にして一年中比較的安い価格で買うことができる。採取して

わかめ

そのまま浜で干した「素干しワカメ」は、いまや希少品となってしまい、塩蔵ワカメとくらべて値段が高い。

　名称　ワカメは青森県の亀ヶ岡遺跡など、縄文時代の貝塚から発見さ

れており、古くから食べられていたことがうかがわれる。『大宝律令』（701）に「海藻」（にぎめ）として記載されている。「わかめ」を読んだ歌が多数あり、若い海藻が珍重された様子がわかる。平安時代の貢納品や諸国物産を記した『延喜式』（927）では海藻の一つとして「和布」とかく「ワカメ」が記されている。そのほか「めのは」「めおきしめ」などの呼び名がある。

　ワカメは、海岸で採取して食用にされ、神事の対象ともなってきた。旧暦1月に行われる北九州市の和布刈神社（めかり）や出雲地方の日御碕神社の和布刈神事は、ワカメ採りの解禁とともに、五穀豊穣や航海の安全を祈願する行事として伝えられている。

　ワカメは1950年代になって養殖に成功し、1970年代には天然物を上回った。現在は天然ワカメはごくわずかとなった。1970年代に湯通し塩蔵ワカメが急増し、さらにカットワカメが登場して利用が拡大した。そして、養殖物が韓国・中国でも盛んになり、1995年（平成7）以降はや輸入品が市場の主流を占めている。

　生態　北海道東岸と南西諸島を除く日本沿岸と朝鮮半島沿岸に生育する。海水の温度や栄養、河川の流入などの陸地との関係、太陽光の強さ、海岸や湾の地形、深さなどにより品質の差がある。同じ湾内でも生育場所によって品質が異なる。水深10m位の海底で秋に発芽し、海水温が5〜12℃くらいの1〜4月にかけて大きく成長する。そして5〜7月にかけて遊走子が放出され、夏の温度が23℃以上になると休眠して秋を待つ。本体は枯れる。2mにも成長したワカメは2〜3月が最も美味しく採取の最盛期である。

　日本での最大の産地は青森県、岩手県、宮城県沿岸の三陸海岸である。三陸海岸は黒潮や親潮など多くの海流が入り込む複雑な海流で、栄養も豊富である。茎が長く、葉は切り込みが深く、肉厚で歯ごたえがある。

色も黒目に近い濃い緑色で、ぬめりがあるのが特徴である。一方温暖な瀬戸内海で育つ鳴門ワカメは、茎が短く、葉の切れ込みも三陸産にくらべて浅い。葉はさわやかな緑色になり、シャキッとした歯ごたえがあり、関西地方で特に人気がある。

　福島県、新潟県佐渡、千葉県、和歌山県、長崎県などで天然、養殖とも収穫されている。

加工品

　▶灰干しワカメ　徳島県のなるとワカメを採取した後、草木灰をまぶして7～10日ほどおいて乾燥した製品。

　灰のアルカリ成分が緑の色素クロロフィルの分解を防ぐため、緑色が保たれ、歯ごたえもよい。近年は衛生管理上の問題や灰干し用に使う木炭の製造が難しいため、製品の量は少ない。

　▶板ワカメ　ワカメの葉と葉を重ねて貼り付けるように板状に広げて乾燥させた製品。鳥取、島根、石川県などの日本海産のワカメを使い、軽く焙ってご飯にかけたり、酒の肴にする。

　▶もみワカメ　長崎県島原地方の特産。薄く柔らかな葉をもんで細かくして乾燥した製品。

　▶糸ワカメ　ワカメの葉を細かく裂いて干した製品。三重県伊勢地方の特産。

　▶カットワカメ　湯通しした塩蔵ワカメを洗って塩抜きしたものを一口大にカットして乾燥させた製品。カットワカメを水で戻すと重さは約9倍、量は12倍にも増えるので注意。

　▶茎ワカメ　ワカメの中央にある茎を塩蔵にした製品。太く歯ごたえがある。佃煮や漬物に加工されることが多い。

　▶素干しワカメ　採取したまま浜で干した製品。塩蔵ワカメにくらべて海の匂いが強く、味は最高。

栄養と機能性成分　ワカメはカルシウム、カリウム、マグネシウム、などミネラルを豊富に含んでいる。鉄、亜鉛、銅、マンガンなども多い。色素成分にはベータカロチンが豊富に含まれている。また、ワカメはコンブ、ひじきと同じく、水溶性食物繊維が豊富である。特に粘性の高いアルギン酸は腸内で水分を吸収して保持する性質があるため、腸の働きをよくするといわれる。また、ナトリウムも豊富に含み、血中コレステロール値を下げ排泄を促し、血圧降下作用も期待できる。乾物として市販されることはないが、成長したワカメの下にできたひだ状の分厚い葉の部分の「めかぶ」はアルギン酸が多く食物繊維の一種であるフコダインを多く含み、生体防御能力を向上させるといわれている。

保存と利用方法　ワカメの調理は簡単で、水の戻すか、直接味噌汁やお吸い物などに入れてもよい。サラダや酢の物などにも利用される。灰干しワカメは灰が少し出ることがあるのでよく水洗いして利用する。乾燥ワカメは戻すと8倍くらいもどるので戻す量には注意する。

　賞味期間は長く1年である、湿気のない冷暗所か瓶、ビニールでの保管で十分である。

ひもの ［干物］

干物の歴史

　干物の歴史は古く、奈良時代には宮廷への献上品であった。平安時代には京都には数軒の干物屋があったと文献に記されている。庶民が食べるようになったのは江戸時代からである。干物は、一度に水揚げされるたくさんの魚を保存するのが目的であった。

　干物は、魚を天日干しすることで表面に膜をつくり、水分の活性を保つことで保存性が増す。太陽エネルギーを受けることでタンパクシ質が分解され、よりうま味成分が凝縮され、アミノ酸に変化する。さらに少々身の締りのゆるい青魚は脂が抜かれて奥深い味となる。殺菌効果もあり保存期間が長くなる。生とはまた違った味と深みを味わうことができる。

　干物は一般的には塩干しだけでなく、煮干し、蒸干し、焼き干し、みりん干し、文化干し、燻製干しなどがある。

　製造方法　魚介類、海藻などによって塩分濃度は加工業者によって違うが、基本的には海水の濃度とほぼ同じくらいの3.5％くらいが一般的である。どんな魚でも塩干しはできるがどちらかといえば、小型なカマス、小鯛、カタクチイワシ、アジ、サバなどは煮干し、焼き干し、みりん干しなどに向いている。

干物の作り方

①一般的には海水濃度と同じくらいの塩水3.5％または10〜13％位の塩水を用意する。

②腹から二枚下しした魚を、①の塩水に20〜30分ほど浸ける、大きめの魚は少し長くする。芯まで塩がまわったら、ボールに張った真

水で軽く水洗いする。

③風通しのよい日陰のある場所で干す。ザル干しがよいが洗濯用物干しに吊るしてもよい。真夏の直射日光は当らないよう直角に調整しながら、身側70%、皮側30%で表面が乾燥したら出来上がり。塩は精製塩より荒塩の方が味にまろやかさがでる。

生干しや一夜干しには、イワシ、キス、サヨリ、エボタイなど身の薄い魚が向いている。15%位の塩水に浸け込み、20〜30分。夕方干して翌朝出来上がる。

魚に塩を振る

調理師や板前が、素材のうま味を引き出すために、調理前に塩を呼び塩として振る場合はあるが、これらは干物とは言わない。干し鮭、寒干し鮭、新巻鮭などの干ものは保存性から塩を振る。

新潟県村上市の特産の塩引き鮭などは塩をすり込む。海藻類のワカメなどで湯通ししたワカメ塩蔵は、一度ボイルした後塩を45〜60%位混ぜるのであるから、これは塩漬けである。

区分	
形	丸干し、開き干し、切り干し
乾燥度	生一夜干し、本干し全乾 (するめなど)
製法	素干し、みりん干し、煮干し、焼き干し、灰干し
	太陽→乾燥、殺菌、成分変化　風→　　風味乾燥　塩→脱水 (浸透圧)

▶**あじの干物を作る**　用意するもの。アジ、塩水（塩1：水6）、まな板、ボールやパッド、歯ブラシ、洗濯物干し、ざる。

①うろこを取り腹を切る

尾から頭へ向かって包丁でうろこをこすり取った後、えらぶたをめ

くって包丁を入れ、肛門の少し下あたりまで浅く切る。

②えら、はらわたを取る

　手でお腹を開き、頭と2カ所でつながっているえらを指でちぎる。そのまま下に引くと、はらわたも一緒に取れる。

③身を開く

　中骨の上に包丁の刃先を当て刃を寝かせながら尾に向かって切る。身を開いたら、血合い（血の塊）を包丁でこそげ取る。

④頭を割る

　頭を手前に向け、頭の中心に包丁をあててグッと力を入れ一気に割る。包丁の根元を使うとうまく割れる。

⑤はらわた、血合いを洗う

　冷たい水で手早く水洗いし、残ったはらわたや血合いを落とす。歯ブラシを使うと一気に落とせる。

⑥塩水に浸ける

　塩水を入れたボールなどに浸ける。100gの魚で15分、200gの魚で20分が目安。干す前に水洗いし、水気をきる。

⑦天日干し

　干す時間と場所は扇風機の弱くらいの涼しい風があたる日陰が理想。日差しが強すぎると、身がしまりにくい。日差しが強すぎない時間帯に干す。真夏の直射日光は避ける。干し時間の目安は、よく晴れた日で2～3時間程度。

　身の表面に膜が張り、指で押して指紋が付くくらいになってから30分ほど干し時間を調整して、自分に合う歯ごたえや風味を探してみよう。

⑧完成

　家で干す場合は、洗濯物干しやざるが便利、ホームセンターなどで

買える。ネットで囲われた専用の干し網もある。生っぽい赤さが消えて身が硬くなったら冷蔵庫で１週間、真空パックや冷凍庫などでは１カ月間は保存できる。

▶ **干物の種類**

　干しいわし　イワシには「マイワシ」「カタクチイワシ」「ウルメイワシ」などがあり脂肪が少ないので干物に向いている。カツオ節に代わるだし用には煮干しがある。

　さんま　丸干し、開き干し、灰干しなどの干物がある。房総半島、紀伊半島ほかで生産される。

　柳かれい　「ヤナギムシカレイ」。関西では「笹カレイ」とも呼ばれている。

　赤かれい　一夜干しで白身、低脂肪、コラーゲンが多い。

　きんめだい　開き干しが大半で身が柔らかく、生干しがうまい。

　あじ　開き干し、調味干し、朝食の定番。

　あご　トビウオの天日干し。焼アゴは麺つゆやラーメンに人気がある。

　黄たい　鯛のなかでも脂がのって色が鮮やか。「鯛めし」などにほぐす。

　ほっけ　真ホッケ、縞ホッケ。居酒屋の定番、味が淡泊で人気ある。

　ししゃも　子持ちシシャモ、酒の肴にはオスが多い。

　のどぐろ　スズキ科のあかむつで日本海沿岸で採れる高級魚。

　さば　一夜干し、塩サバ、サバの昆布締め、焼サバは定食に人気。

　はたはた　秋田地方のしょつる鍋の定番、硬い卵が特徴。

　たたみいわし　カタクイワシの稚魚を生のまま簀子に漉いて天日干ししたもの。

　しらす干し　カタクチイワシ、ウルメイワシの稚魚を茹でて天日干し。

　ちりめんじゃこ　カタクチイワシ、ウルメイワシを塩水で茹でて天

日干ししたもの。織物の「縮緬」から名をとった。広島県音戸チリメンが有名。

からすみ　ボラの卵巣を塩漬けにし、塩抜きしてから天日乾燥したもの。

干したら　「まだら」「すけそうたら」の頭、内臓を取って天日干しにしたもの。

棒たら　スケソウタラを真冬の寒風、凍結乾燥したもの。

すきみたら　スケソウタラやマダラを三枚に下し塩水に浸けてから干したもの。

身欠きにしん　ニシンの内臓を取り除き天日干ししたもの。

干し鮭　鮭を素干しにし縦に切った「鮭トバ」がある。

干しえび　サクラエビ、ヒメエビ、ムキエビなど種類が多い。

干しいか　スルメ、トンビ（イカの口）。

干し貝類　ホタテカイバシラ、干しヒメガイ、干しアサリなど。

第4章　だしの素材とだしの取り方

日本の伝統的な乾物は、現代人に不足しがちな食物繊維のよい供給源となります。特に四大乾物である昆布、かつお節、煮干し、干し椎茸をだしの素材として使われます。これら乾物の香りとうま味が凝結しただしを料理に使うことによって、薄味でも油脂のコクや砂糖の甘味のたすけをかりなくても、美味しくできるからです。

そうした天然のうま味や香りに対する感受性を、子供のうちから舌と脳に記憶させていくことは、一生の健康管理に役立ちます。

2013年（平成25）12月に「和食：日本人の伝統的な食文化」がユネスコ無形文化遺産に登録されました。このことにより、世界に日本の和食文化のすばらしさが認められて、いままさに注目されています。和食の基本は、だしとうま味です。海外でも「UMAMI」と表記されるようになり、「旨味」は甘味、酸味、塩味、苦味の4つの基本味に加え、第五の味覚として世界中に認められたのです。

1 だしとうま味

日本料理のだしは、主に昆布、かつお節、干しシ椎茸、煮干し、野菜など様々な食材から取りますが、基本的にはグルタミン酸、イノシン酸、グアニール酸の合わせから生まれる相乗効果であり、味は濃くても薄くてもよいわけではありません。基本的に味に求めるバランスなのです。

和食の味付けである煮物、味噌汁、お吸い物、麺つゆ、それぞれの料理の主役を引きたたせるのは、だしなのです。

戦後、日本人の食生活は欧米化し、肉類を中心とした高カロリー食品の摂取が日常的になりました。その結果、肥満や生活習慣病、高脂血症などの現代病が蔓延しました。そこで、栄養のバランスがよいとされる和食が見なおされたのです。

2　だしと食文化

　乾物は古くから日本人の食文化に関わってきました。昆布やかつお節など様々な乾物が神々に「神饌」として献上され、信仰や儀礼にも深く関わりました。日本におけるだしの食文化は、縄文時代にまでさかのぼり、昆布やかつお節などが文献に記載されるのは『続日本書紀』（797）からです。そこには昆布が朝廷に献上されたという記載があります。

　その後、平安時代の中期に編集された最初の語彙分類事典『和名類聚抄』（931〜938）には昆布は「ひろめ」として記載されています。

　曹洞宗の宗祖道元の永平寺における典座の用いる精進料理はまさに乾物の味付けの基本です。

　正月飾りの鏡餅や結婚の儀式にもとづく結納品などには昆布が「喜ぶ」に通じて縁起がよいとされています。真昆布は、蝦夷で採れたことを示す夷布という名称で『延喜式』（927）に記載されています。

　江戸時代には、蝦夷最南端の松前港から越前の国、今の敦賀に至る日本海沿岸に北前船の北航路が開かれました。そして越前から陸路京の都へと運ばれたのが昆布ロードです。18世紀になると大坂経由で琉球まで昆布ロードが開かれ、大坂では琉球産の黒砂糖と昆布が交換され、琉球からは中国に昆布を輸出、中国から薬品を輸入しました。

3　味覚の基本

　味を構成する要素には、「甘味」「酸味」「塩味」「苦味」の４つと「うま味」であることは前述しました。砂糖の甘味はスクロース、梅干しの酸味がクエン酸。うま味はアミノ酸であるグルタミン酸やイノシン酸、

グアニール酸という核酸によってもたらされます。

　グルタミン酸は昆布、チーズ、トマトなどの食品に多く含まれます。醤油や味噌などの発酵食品、母乳や人の体にも含まれます。

　イノシン酸は肉や魚介類に含まれます。

　グアニル酸は、キノコ類に多く含まれます。食材の全体の味を調和し、素材のもち味を十分に引き出し、口に含むとまろやかな心地よさを残す「うま味」は世界で注目されるようになりました。まさしく日本人が古来より求めていた食の知恵が「だしの文化」の味覚であったのです。

4　うま味成分の豊富な食材

　昔から日本人に好まれてきた食材には、昆布、海苔、かつお節、煮干し、干し椎茸などがありますが、だしのうま味は食材を合せることで相乗効果が大きくなります。だしの基本は、昆布とかつお節を合わせた一番だしです。

　一番だしの組成には、昆布だしのグルタミン酸とかつお節のイノシン酸とヒスチジンが多く含まれているからです。

各種食材中のうま味含有量 (mg /g)

グルタミン酸		イノシン酸	グアニル酸
植物性	動物性	動物性	キノコ類
昆布 2240	チーズ 1200	煮干し 863	干し椎茸 157
一番茶 668	イワシ 280	かつお節 687	マツタケ 65
海苔 640	スルメイカ 146	シラス干し 439	生椎茸 30
トマト 260	ホタテガイ 140	かつお 285	エノキタケ 22
ジャガイモ 102	バフンウニ 103	アジ 265	
ハクサイ 100	豚肉 122		
	牛肉 107		

5　だしの素材

　日本料理の基本になるうま味は主に昆布、かつお節、干し椎茸、煮干しから取ります。何のためにだしが必要なのか。それは、料理を引きたてる役目がだしだからです。

　昆布　上品な味わいの代表である昆布は、1908 年（明治 41）池田菊苗博士が昆布からグルタミン酸を抽出して以降日本料理のうま味を支えるだしの代表格として世界でも認知されるようになりました。

　海の栄養を吸収して生育する昆布は、人間の体に必要なミネラルの宝庫です。中でも食物繊維は動脈硬化や糖尿病などの生活習慣病の予防に役立つとされ、歯や骨を強くするカルシウム、貧血予防に効く鉄分のほか、ぬめり成分のアルギン酸は血中のコレステロール値を下げ、塩分の吸収を抑えるとされています。

　▶**真昆布**　真昆布は 100ｇあたり可食部、ヨウ素 240,000μg、カルシウム 710mg、食物繊維 27.1g、タンパク質 8.2g、炭水化物 61.5g、脂質 1.2g を含みます。北海道南茅部地方や函館沿岸が主産地でクセのない澄んだだしが取れます。真昆布は肉厚で、「白口浜」「黒口浜」の 2 つのタイプがありますが南茅部の尾札部の浜の白口昆布は最高級品とされています。朝廷や幕府に献上されたという記載があります。

　▶**羅臼昆布**　知床半島沿岸に生息し、別名「鬼昆布」。赤口と黒口があるが茶褐色の昆布は大きな葉が特徴で黄色みの帯びた独特の香りの強い濃厚なだしが取れる。関東地方では人気があります。

　▶**利尻昆布**　すっきりと強い香りとコクがあります。北海道北稚内、利尻島、礼文島周辺からオホーツク網走にかけてが主産地です。上品で透き通った澄んだだしが取れることから京都の料亭に人気があり、湯豆

腐、千枚漬などに多く利用されています。

　▶**三石昆布**　北海道の日高地方が主産地で「日高昆布」と一般的に呼ばれています。ワインと同じように産地では「浜格差」と呼ばれる特上浜から上浜、並浜のＡ、Ｂと８段階に格付けされています。繊維質が柔らかく火の通りが早いので昆布巻や佃煮、惣菜、煮物などに使われ、だしもよく取れます。生産量も多く天然ものです。

6　だしの取り方

昆布だしの取り方

　昆布だしの材料は、真昆布、羅臼昆布、利尻昆布など多種ありますが、それぞれ特徴があるので、用途、目的によって選ぶのがよいでしょう。特に真昆布の白口浜尾札部昆布は良質です。

　各産地物で漁連の検査等級ものを選び、肉厚のものがよいものです。うま味成分であるマンニットは使用する数時間前に水に浸しておきます。

▶**水出し法**　（さっぱり系のだしにしたいなら）

①昆布の表面に吹きだした白い粉はマンニットなので乾いたふきんなどで軽くふいて砂などの不純物を取り除きます。

②だしが出やすいように、昆布に１〜２カ所くらい切れ目を入れます。切れ目は昆布が割れないように縦に入れます。

③約５cm角の材料の昆布を２〜３枚、500mlの水に入れます。あまり昆布の量が多すぎるとぬめりと海藻の臭いが出るので入れすぎないようにします。

④夏は冷蔵庫で４〜５時間、または前日から入れます。少量の塩をひとつまみ入れておくと傷みにくくなります。

▶**煮出し法**　（さらに濃いめのだしにしたいなら）

①水出し法と同じく不純物を取り、水に1時間位浸けておきます。

②同量を目安に弱火で30分くらいかけて煮だします。最後に80℃くらいまでになると気泡が出てきて昆布が浮き上がってきます。

③昆布独特のアク、ぬめりが出るのでしっかり取ります。

④昆布を取り出します。水出しより多少色は付きますがうま味は増します。

だしを取った後の昆布はまだ使えるので2番だしを取りましょう。

だしを取った昆布は、味噌漬け、ピクルス、つくだ煮などに使いましょう。

昆布を戻すと約3倍に増えます。戻し過ぎないように。

昆布は海に生息しているので、天日干しした時点では塩分を含んでいます。1人分約15gを使った場合は、塩分が1gなので、その分だけ調味料を控えます。

かつお節のだしの取り方

動物性のだしなので野菜料理によく合います。すっきりした味で、だしごと使うお吸い物などはじめ、濃いめの場合はそばつゆなどに使います。

かつおの味を構成する成分アミノ酸がグルタミン酸とイノシン酸で相乗効果が増強します。日本料理ではまぐろ節が使われることもありますが同様です。

▶**一番だし**　（香り高く澄んで上品なだし）

①鍋に水を入れて火にかけて沸騰させます。

②沸騰したら火を止めてかつお節を入れます。水1ℓにかつお節30gが目安。

③かつお節が鍋の底に沈むまで1〜2分おきます。

④ふきんなどをザルに敷き、静かに濾します。

▶ **二番だし**　（煮物やうどん、そばなどに使う濃厚なだし）

①一番だしを取った後のかつお節を鍋に入れて水を加えます。沸騰したら弱火にして約10分位に出します。

②アクが出たら取り、火を止めて香りつけにかつお節を10g入れて1〜2分おきます。

③ふきんなどをザルに敷き、静かに濾す。かつを節を搾るとえぐみが出るので注意してください。

煮干しのだしの取り方

カタクチイワシはじめ小魚を乾燥した煮干しは、料理の種類を問わず、庶民のだしとして、すっきりしたお吸い物から味噌汁やうどんだし、煮物などに万能です。

①水1ℓに煮干し40g（水500mlに煮干し3〜4尾）を入れます。

②強火で煮立て、脂肪やアクが出たらすくい取ります。弱火にして煮立て、5〜10分くらい煮出したら取り出します。

③煮干しの苦みが気になる人は、頭と腹を取り除いて使うと澄んだだしが取れます。そのままでもみそ汁などは美味しいだしが取れます。

調理の前の日から鍋やペットボトルなどに浸しておけば朝には美味しく使えます。ミキサーなどで煮干しを粉にしてそのまま使うのもよい。
煮干しは塩分を4%前後含んでいますので、調味料は味を見ながら注意。
新鮮な煮干しを選び昆布との併用、味噌にはアミノ酸が多いので昆布がなくても抗酸化作用をもつ成分で、煮干しと相性がよいのです。

干し椎茸のだしの取り方

コクがあり、精進だしの代表格。戻した干し椎茸を料理にそのまま使

えて、味と香り、昆布、かつお節などとの相乗効果が多用できます。

①材料は、水1ℓに干し椎茸30gを入れます。

②前日冷蔵庫または数時間前に浮かないようにラップしてボールの中に置いておく。

③干し椎茸の裏の足をキッチンばさみで切り落とし、戻し汁ごと鍋に入れて、中火で沸騰させる。

④アクが出たら取りながら弱火で2〜3分コトコトと煮る。

⑤出し汁をざるに紙タオルなどひいて濾す。

肉厚の冬菇系は戻しに時間がかかりますので急ぎの場合は傘が開いている香信にするかスライス椎茸もよい。スライス椎茸は多少だしが弱いです。

精進だしの取り方

かつお節や煮干しを使わないでだしを取ります。材料に昆布、干し椎茸は使いますが、他に干瓢、大豆、小豆などを使います。

①材料は水1ℓに対して昆布10g、干し椎茸7g、干瓢10g、大豆15g、小豆10gです。

②昆布は2〜3時間ほど水に浸します。素材は洗ってから使います。

③鍋の一番下に昆布を入れ、その上に大豆、干瓢、椎茸を入れます。

④火にかけて沸騰寸前まで強火にしてアクを取り除き、弱火にして20分煮ます。

⑤豆が上がってきたら出来上がりです。

昆布とかつお節の合わせだし

いろいろな料理に使えて相性がよく深い味とコクが出る奥深いあじわいがあり、和食にこだわらず洋食、中華、イタリアンに利用される。しっかり煮出す経済的な万能だしです。

①水1ℓに昆布5g、かつお節25〜30g
　を用います。

②昆布は拭いて切れ目を入れて、水に
　20〜30分浸します。

③火にかけて沸騰寸前に昆布が浮き上
　がったら取り出します。

④かつお節を入れるときに沸騰している
　と臭みが出るので少し差し水をしてか
　らかつお節を入れます。

⑤かつお節を静かに火加減をし1分ほど
　煮出します。長いとアクが出ます。

⑥かつお節が沈んだら、キッチンペー
　パーかふきんなどで濾します。
　二番だしは、水を500mlに一番だし
　を取った後に昆布とかつお節を入れま
　す。

⑦煮立ったら7〜10分程度中火で煮て、
　濾してよく絞ります。差しかつおする
　とさらに香りがよくなります。

⑧二番だしは味噌汁、鍋物、煮物、そば
　つゆなどに便利です。

そばつゆの返しには荒節の厚削り節を使
います。

混合だしの取り方

　さば節やむろあじ節などお好みの削り節とブレンドして楽しめる混合だしはコクのあるだしが取れます。

　▶**宗田鰹削り節**　香り高く濃厚なだしが取れます。蕎麦屋やうどん屋でよく使用します。おすすめのブレンドは、宗田削り節：サバ削り節：かつお節＝２：１：１

　▶**あご煮干し削り節**　上品な甘みと香りが取れるのが特徴です。九州雑煮や味噌汁、煮物、おでんのだしなどに利用されます。おすすめのブレンドは、あご煮干し削り節：かつお節＝１：１

　▶**さば削り節**　コクがあり濃厚なだしが取れます。蕎麦、うどん、味噌汁のだしが楽しめます。おすすめのブレンドは、さば削り節：宗田かつお節：かつお節＝２：１：１

　▶**むろあじ削り節**　上品な香りとまろやかなだしが取れるのが特徴です。名古屋きしめん、お吸い物、味噌汁のだしなどが楽しめます。シンプルな高野豆腐の煮つけにおすすめです。おすすめのブレンドは、むろあじ削り節：かつお削り節＝１：１

　▶**うるめいわし煮干し**　コクのある甘みのあるだしが取れるのが特徴です。関西風うどん、味噌汁、豚汁などで楽しめます。おすすめのブレンドは、うるめいわし煮干し：さば削り節＝１：１

　▶**混合だしの取り方の目安**　（目安量２〜３人分）

　①鍋に水650mlを入れて火にかけて、沸騰させます。

　②お好みの削り節約20gを入れ、弱火で２分程度に煮出します。

　③火を止めて、ふきん等で静かに漉します。

　　水の量に対して，約3%の削り節の量が美味しいだしの比率です。

（ヤマキレシピより）

▶削り節の定義

1、かつお、さば、まぐろ等の魚類について、その頭、内臓等を除去し、煮熟によってタンパク質を凝固させた後、冷却し、水分が26％以下になるようにくん乾したもの（以下「ふし」という）を削ったもの。

▶煮干しの定義

2、いわし、あじ等の魚類を煮熟によってタンパク質を凝固させた後、乾燥したもの（以下「煮干し」という）、またはこれらの魚類を煮熟によってタンパク質を凝固させた後圧搾して魚油を除去し乾燥したもの（以下「圧搾煮干し」という）。

3、1、および2、を混合したもの。

（日本農林規格より抜粋）

削り節の種類（代表的なもの）

かつお削り節	節のうち、かつおのふしを削ったものをいう。
かつお枯れ節削り節	削り節のうち、かつお枯れ節を削ったものをいう。
さば削り節	削り節のうち、さばのふし、またはさばの煮干しを削ったものをいう。
まぐろ削り節	削り節のうち、まぐろのふしを削ったものをいう。
いわし削り節	削り節のうち、いわしのふし又はいわしの煮干しを削ったものをいう。
混合削り節	削り節のうち、2種類以上の魚類のふし、枯れ節、煮干しまたは圧搾煮干しを削って混合したものをいう。

削り方の種類

薄削り	削り節のうち、厚さ0.2mm以下の片状に削ったものをいう。
厚削り	削り節のうち、厚さ0.2mmを超える片状に削ったものをいう。
糸削り	削り節のうち、糸状又はひも状に削ったものをいう。
破片	薄削りを破砕したものをいう。

JAS規格概要より抜粋

塩分の過剰摂取は現代病疾患のもと

塩分の過剰摂取は多くの疾患の一因として考えられています。そのため減塩が必要とされ、近年日本人の塩分摂取量は減少傾向にありますが、まだ目標値に満たない状況です。

よいだしが減塩につながる理由

「だし」は日本人の日々の食生活において欠かせないものです。

乾燥して、うま味が凝縮したかつお節や煮干しなどからうま味を抽出した「だし」は素材の美味しさを引きたててくれます。「だし」をきかせることで美味しさが感じられ、無理なく塩分を控えることにつながります。

日本人の1日当たりの平均食塩摂取量	国の目標値（日）
成人男子：平均11.1g　3.1gオーバー	8g未満
成人女子：平均9.4g　2.4gオーバー	7g未満

・2015年4月より目標値はさらに下がりました。
国民健康・栄養調査及び摂取基準より

第5章　乾物と年中行事

乾物は古くから年中行事に縁起物として多く使われてきました。

　日本全国北から南まで季節のお祭りや行事などで、多くの乾物が使われてきました。伝統的な宮中料理、節句、お彼岸、精進料理などに利用される乾物を知り、その意義と文化をあらためて、思い起こしましょう。

乾物と年中行事

1月　正月／人日［じんじつ］の節句（7日）／鏡開き（蔵開き・11日頃）

正月には昆布巻や黒豆、田作りなど、乾物を利用したおせち料理がつくられる。

鏡開きの日には、供え物にしていた鏡餅を下ろして食べる。このとき、供え物に刃を向ける「切る」行為を避けるため、鏡餅は小槌などで砕く。砕いた餅は雑煮にしたり、邪気を祓うとされる小豆とともにぜんざいにして食べられる。

成人の日：ささげ、煎り胡麻（黒）、干瓢、干し椎茸
鏡開き：小豆、黄粉、さらし餡
乾麺関連：乾燥わけぎ、干し椎茸、麩、すり胡麻

2月　節分（3日頃）／針供養（8日）／初午［はつうま］（2月最初の午の日）

節分では大豆をまく追儺［ついな］（鬼やらい）が有名だが、大豆をまかずに全く異なることをする地域もある。

節分：大豆
煮物：干し大根、金時豆、ひじき

3月　桃の節句（3日）／春分の日（21日頃）／春彼岸（春分の日をはさんだ前後3日の計7日間）

小豆の赤色が邪気を祓うとされているため、春彼岸の供え物として餅を餡子で包んだ「牡丹餅［ぼたもち］」がつくられる。名前が異なるだけで、秋彼岸につくられる「お萩［はぎ］」と同じものである。この時期が牡丹の季節のため、「牡丹餅」と呼ばれる。

桃の節句：ささげ、食紅、煎り胡麻
ぼたもち：黄粉、胡麻、団子粉、小豆、さらし餡、上新粉、白玉粉、糯米
彼岸煮物：干し大根、干し椎茸、大豆、ひじき、削り節、だし昆布

4月　花祭（8日）／花見

主に桜の花を観賞する花見は、もともと農事を始めるときの物忌みのための行事であったとか、豊作の神様を迎える宗教行事であったといわれている。緑と白と桜色の団子を串でつなげた花見団子や、桜の葉を巻いた桜餅などが花見のおともの定番となっている。

春の行楽：干し椎茸、干瓢、胡麻、でんぶ、唐揚げ粉、パン粉、全形海苔、細切り海苔、てんぷら粉、乾燥海老、麦茶
お祝いの赤飯：ささげ、食紅、胡麻塩、糯米

5月　八十八夜（2日頃）／端午の節句（5日）

端午の節句は「子どもの日」の名で祝日のひとつとなっている。古くは、ショウブやヨモギをを使って邪気を祓うための行事であったが、現在ではショウブを風呂に入れたり軒下に吊るすとともに、柏餅や粽を食べる男子の節句となっている。

6月　氷の朔日［さくじつ］（1日）／入梅（11日頃）／虫送り

氷の朔日とは、朝廷や幕府に氷を献上する日であったといわれている。「氷室［ひむろ］の節会［せちえ］」や「氷室の節句」とも呼ばれる。地域によって行事内容は異なり、正月から残しておいた鏡餅の一部を煎って食べたり、氷に見立てた「水無月［みなづき］」という和菓子を食べたりする。水無月は米の粉でつくった餅や外郎［ういろう］の上に小豆をのせた和菓子である。

漬物材料：煎り糠、みょうばん、糠味噌辛子
乾麺関連：乾燥わけぎ、すり胡麻、細切り海苔、もみ海苔
サラダ関連：春雨、マロニー、カットわかめ、煎り胡麻、塩くらげ

7月　七夕（7日）／お盆（15日）／土用の丑（20日）

七夕の日には素麺を食べる風習がある。また土用の丑の日には鰻を食べる風習が有名だが、「う」のつく食べものをこの日に食べると運がつくといういわれもあり、乾物ではうどんが食べられている。

中元ギフト：干し椎茸、海苔、削り節
乾麺関連：乾燥わけぎ、すり胡麻、細切り海苔、もみ海苔

8月　八朔［はっさく］（1日）／お盆（13～15日）

地域によっては7月15日をお盆として行事を行う。いずれにしても、先祖を家に迎えて祭る行事である。仏壇に霊の乗り物としてナスでつくった牛とキュウリでつくった馬を供える。このとき、果実や花とともに素麺やうどん、団子も供え物として供える。八朔は五穀豊穣（五穀＝米・麦・粟・豆・黍または稗）を祈る行事である。

お盆料理：凍り豆腐、干し大根、だし昆布、大豆、ひじき、湯葉、干瓢、白玉粉
冷たい菓子：寒天、食紅、小豆、白玉粉、さらし餡、麦茶

9月　二百十日［にひゃくとおか］（1日頃）／重陽［ちょうよう］の節句（9日）／秋分の日（23日頃）／秋彼岸（秋分の日をはさんだ前後3日の計7日間）

小豆の赤色が邪気を祓うとされているため、秋彼岸の供え物として餅を餡子で包んだ「お萩」がつくられる。名前が異なるだけで、春彼岸につくられる「牡丹餅」と同じものである。この時期が萩の季節のため、「お萩」と呼ばれた。

おはぎ：黄粉、胡麻、団子粉、小豆、さらし餡、上新粉、白玉粉、糯米
彼岸煮物材料：干し大根、湯葉、凍り豆腐、干し椎茸、大豆

10月	秋祭
田の神に秋の収穫を感謝する秋祭は日本各地において行われてきた祭事で、地域ごとの特色が強い。新穀を供える地域もあれば、粟や胡麻、大豆、小豆、ささげなどを使って餅をつくり、供える地域もある。	秋の行楽：干し椎茸、干瓢、海苔、胡麻 味噌汁：麩、煮干し、とろろ昆布、カットわかめ

11月	七五三 (15日)／新嘗祭 [にいなめさい] (23日)／酉の市 (酉の日)
戦前、新嘗祭は祭日であったが現在では勤労感謝の日 (祝日) とされている。天皇が、その年に収穫した五穀 (米・麦・粟・豆・黍または稗) を天神地祇 [てんじんちぎ] に供えて収穫に感謝する儀式である。	歳暮ギフト：干し椎茸、海苔、鰹の削り節 鍋物：葛切り、春雨、マロニー、焼き麩、削り節、干し椎茸、だし昆布、練り胡麻

12月	年の市／冬至 (22日頃)／大晦日 (31日)／大祓 [おおはらえ] (31日)
新年の飾りものや、さまざまな正月用品を集めた年の市では、おせち料理の材料となる乾物もたくさん売られている。毎月開催される市のうち、年末に立つ市を「年の市」と呼ぶこともある。 また、1年のなかで最も昼が短い冬至の日にはカボチャを食べることが有名だが、「ん」のつく食べものを食べる習慣もあるため、寒天や昆布、うどんなどが利用される。	乾麺関連：乾燥わけぎ、干し椎茸、麩、すり胡麻 正月準備用品：小豆、黒豆、大福豆、大豆、黄粉、凍り豆腐、大正金時、胡麻、餅とり粉、糯米、干し椎茸、寒天、干瓢、湯葉、くちなしの実、だし昆布、ごまめ (カタクチイワシの煮干し)

乾物とおせち料理（縁起と由来）

黒豆	豆は「マメに暮らせるように」という意味。黒くなるまで豆に働くということ。
昆布巻	「昆布」と「喜ぶ」の言葉が似ているため、縁起ものとされている。また、昆布は末広がりなかたちをしていることから「ひろめ」とも呼ばれる。
栗きんとん	勝栗は、その名に「勝」がつくことから縁起ものとされている。また、栗きんとんは栗の色が金色になるよう煮ることで金を表し、金運を呼び込む意味でつくられる。
田作り	五万米（ごまめ）ともいう。カタクチイワシを肥料にして米を育てたところ、五万俵も収穫することができたといういわれから、豊作を願う意味がこめられている。
かまぼこ	かまぼこの半円状の切り口は、初日の出を連想させる。また、紅白に色付けされたかまぼこは特に縁起がよいとされる。
伊達巻	「巻く」という言葉は「結ぶ」「睦む」という言葉からきているとされ、縁起がよい。
蓮根	煮物の具材など、地域によって異なるがさまざまなおせち料理に利用される。穴が空いているため「先の見通しがよい」とされる。
数の子	たくさんの卵が集まっている様子から、子宝に恵まれますように、という願いを込めて食べられる。
里芋	煮物の具材など、地域によって異なるがさまざまなおせち料理に利用される。里芋は親芋から小芋が育つため、子宝を連想させる。
鯛	「めでたい」という言葉を連想させるため、縁起ものとされる。
海老	海老は脱皮を繰り返して成長するため、「出世する」という意味で縁起がよいとされる。また、腰を曲げた高齢者に見立てて長寿を願う。
くわい	最初に芽が1本出ることから、めでたいとされる。
するめ	寿留女とも書くため、縁起がよいとされる。
鏡餅	丸く平たい餅を重ねたもの。大小の丸い餅を合わせた姿が太陽と月を表すとされている。また、古くは家族各人の霊魂をかたどったものとされていた。
米	新年の豊作を願って食べられる。
馬尾藻（ほんだわら）	米のような粒がたくさんついている姿から、縁起がよいとされる。
南天の葉	おせち料理に添えられる。南天の名は「難を転じて福となす」という言葉に由来するともいわれ、縁起ものとされる。

あとがき

　縁あって浅草の乾物問屋に就職してから早いもので 50 数年経つ。歳月の重みとともに、長年、商品として扱ってきた乾物という食品の奥深さとすばらしさを、あらためて感じている今日この頃である。

　たくさんの食品を扱う問屋の商品は多種、多岐にわたる。調味料から一般食品に至るまで、膨大な品ぞろえを要し、商品の在庫管理、賞味期間など、一点一点の商品の取り扱いは大変である。問屋の泣き所である重い商品で難儀することもあった。食品問屋の機能は物流だから、小売店に配達し届けていくらだ。大麦、小麦粉、乾麺、砂糖、塩、米、酒の白いものには手を出すな、と当時の社長は口癖のように私に言った。これらは重いだけでなく、やがて社会の高齢化が進むと、過度の塩分、糖分、アルコールなどで栄養バランスが乱れる要因となり、消費は減り、避けられることになるだろうとの予測もあった。

　また、これらの商品は戦中戦後の食糧難の時代における食糧管理法に基づく統制品であり、かつ政府管掌の課税商品であるため、販売価格が自由に決められないので儲からない。その点、乾物加工商品は付加価値が付いた商品であるから需要に応じて価格が決められるのだ。ただし難点は相場が伴うことであった。

　乾物の原料は天作物であるから、その年の気候条件により収穫に変動が生じ需要と供給に応じて価格が変動する。原料は相場で価格が成り立つが、原料を製品に加工すれば年度内分は決められる。相場は張ってはいけない。相場は面白いほど儲かる時があるが損もする。損をすると取りかえそうと、また相場を張るからだ。その点、乾物加工食品は扱いやすく、軽く、利益率が高く、儲かるし競合他社が少ない。

　椎茸、小豆、干瓢、海苔、昆布すべてに相場が伴う。時代と共に、百貨店と小売店はやがてセルフの店に変わるだろうから、スーパーの売り場での確保が乾物商品の安定商品としての決め手になると予測したのが、乾物の扱いを強化していく原点であった。

　乾物は伝統的な食材であるが、調理法を受け継ぐ機会がなかった若い世代も多く、逆に知らなかったからこそ乾物を新鮮に感じることもあるようだ。こうした若い世代の方々に、乾物は戻したり調理が面倒だというイメージではなく、基本がわかれば難しくはないということをぜひ知っていただきたい。商品知識を良く理解していけば、身近な最強食材であることがわかってくるはずである。

　太陽エネルギーを受けることによって、水分が減り、かさが減り紫外線と酵素の働きによるうま味成分が凝縮され美味しさを感じるなど、乾物と干物は生活に欠くことのできない食品である。その正しい商品知識を知ってほしいと願い本書を出版することにした。乾物に関する出版物はたくさんあるが、本書は農水産乾物、干物、だしの取り方など、これまで折にふれて著わしてきた知識を再構成しまとめた私の集大成である。ぜひお読みいただき参考にしていただきたいと願っている。

　最後に本書の刊行にあたり、株式会社里文出版の堀川隆編集部長、編集者の永原秀信さん、西田久美さん、そして全国各地の生産者の皆様の尽力に助けられ、ご協力を賜り出版できたことに厚く御礼申し上げます。

　　令和元年11月

　　　　　　　　かんぶつ伝承人　星名　桂治

【著者紹介】

星名桂治 (ほしな けいじ)

日本かんぶつ協会シニアアドバイザー、かんぶつマエストロ講師。
西野商事（現 日本アクセス）に入社以来、乾物・乾麺一筋に従事。
のちエイチ・アイ・フーズ株式会社を設立。乾物乾麺研究所所長として乾物の普及に努める。近年テレビ、ラジオなどの媒体でも活躍。
著書：『乾物の事典』『だし＝うまみの事典』（東京堂出版）、『乾物と保存食材事典』（誠文堂新光社）、『47 都道府県 乾物／干物百科』（丸善出版）ほか。

乾物便利帖──栄養と料理の小百科〈新装版〉

2023 年 8 月 10 日　新装版発行

著　者　星名桂治

発行者　深澤徹也

発行所　株式会社メトロポリタンプレス

　　　　〒 174-0042 東京都板橋区東坂下 2-4-15 TK ビル 1 階

　　　　電話 03-5918-8461　Fax 03-5918-8463

　　　　https://www.metpress.co.jp

印刷・製本　株式会社ティーケー出版印刷

©Hoshina Keiji 2023, Printed in Japan
ISBN978-4-909908-80-3　C0077